经典
畅销书

Windows 8 系统
操作与应用 一本通

前沿文化 / 编著

U0213784

科学出版社
北京

内 容 简 介

　　本书是一本全面介绍Windows 8系统操作与应用的标准图书。书中由浅入深、循序渐进地介绍了Windows 8操作系统的基本操作以及进阶技巧，内容涉及Windows 8操作系统的方方面面。

　　全书共分为13章。第1～2章主要介绍Windows 8操作系统的一些基本常识；第3～6章介绍Windows 8触摸界面、管理系统文件和软硬件工作环境等一些基础的操作；第7～10章则重点围绕系统安全以及网络应用，向大家介绍相关的操作要求；第11章介绍有关Windows 8多媒体娱乐功能的一些应用；第12～13章主要介绍如何优化Windows 8操作系统的运行环境以及如何处理一些简单的系统运行故障。

　　本书内容丰富，结构清晰，语言简洁，采用图文结合的形式，力求让读者能够快速理解书中介绍的内容并能将其融入到实际操作中。因此，本书特别适合初次使用Windows 8操作系统的用户，也可作为大、中专职业院校及培训班的参考用书。

图书在版编目（CIP）数据

Windows 8系统操作与应用一本通/前沿文化编著.

北京：科学出版社，2014.1

ISBN 978-7-03-039205-3

Ⅰ．①W… Ⅱ．①前… Ⅲ．①Windows 操作系统

Ⅳ.①TP316.7

中国版本图书馆 CIP 数据核字（2013）第 281319 号

责任编辑：周晓娟 胡子平 吴俊华　／责任校对：杨慧芳
责任印刷：华　程　　　　　　　　／封面设计：张世杰

科学出版社 出版

北京东黄城根北街 16 号
邮政编码：100717
http://www.sciencep.com

北京市艺辉印刷有限公司印刷

中国科技出版传媒股份有限公司新世纪书局发行　　各地新华书店经销

*

2014 年 2 月 第 一 版　　　开本：720×980 1/16
2014 年 2 月第一次印刷　　　印张：17 3/4
字数：432 000

定价：49.00 元（含 1CD 价格）

前言

Windows 8是由微软公司于2012年10月26日推出的一款具有革命性变化的操作系统。该操作系统独特的Metro开始界面和触控式交互系统，让所有习惯了传统Windows操作系统的用户眼前一亮，而且这款操作系统还首次将PC、移动端操作系统合二为一。

为使广大读者能够快速掌握Windows 8操作系统的使用方法和技巧，我们总结了多位Windows 8应用高手和教育专家的经验，精心编写了这本易学、易用又易查的《Windows 8系统操作与应用一本通》一书。

从零开始入门快

本书从Windows 8的基础知识讲起，在读者对该系统有一个较全面的认识和了解后，再从功能性、实用性以及技巧性等不同的层面，由浅入深、循序渐进地让读者学会使用Windows 8操作系统。精心编排的内容使读者能将所学知识进一步深化理解、触类旁通。同时，本书采用任务驱动式的讲解方法，力争在有限的篇幅内向读者传递最有价值的内容。

技巧提醒更周到

本书对读者在学习过程中可能遇到的疑难问题及可融会贯通的技巧性知识，都会及时地呈现在正文内容里，以方便读者查阅和使用。

前 言
Preface

教学视频更易学

本书的每一章都有详尽的图文与操作介绍，同时针对每一个操作知识点，还配有光盘同步视频，方便指导读者进一步掌握所学内容。

讲解清晰更易懂

为了让初级读者能够更高效地学习，本书所有操作步骤均配有详尽的编号，读者一眼即可读懂整个操作的大致步骤；在未完全阅读步骤文字的情况下，通过这些详尽的步骤编号，读者也能掌握该知识点的操作要领。

巩固提高动动手

本书每一章的最后都设有一个"动动手"环节，这是针对当前章节所学内容的一个巩固练习，以帮助读者强化实际操作能力，达到举一反三的目的。

本书由前沿文化与中国科技出版传媒股份有限公司新世纪书局联合策划。参与本书编创的人员都是从事一线教学多年的老师、专家和资深设计师，他们具有丰富的实战经验和操作技巧。在此，向各位老师与专家表示由衷的感谢！

最后，真诚地感谢读者购买本书，您的支持是我们最大的动力，我们将不断努力，为您奉献更多、更优秀的图书。由于计算机技术发展非常迅速，加上编者编写水平有限、时间仓促等，疏漏或不妥之处在所难免，敬请广大读者和同行批评指正。

编著者

2013年11月

目录

CONTENTS

第12章　Windows 8操作系统管理与优化⋯⋯225

第13章　Windows 8使用技巧与故障排除⋯⋯244

第1章

走进Windows 8的世界

本 章 导 读	Windows 8是最新一代的Windows操作系统，拥有"漂亮"的开始屏幕、靓丽的触控界面、免费实用的SkyDrive工具以及全新的浏览体验。Windows 8还有哪些不为人知的特性，在普通电脑上又该如何安装？诸多有关Windows 8的内容都将在本章呈现。
本章学完后 您会的技能	● 了解Windows 8的开发历史 ● 掌握Windows各个版本的知识 ● 掌握购买Windows 8的几个方法 ● 掌握Windows 8新增的一些特性 ● 掌握Windows 8对系统配置的要求 ● 学会查看电脑硬件配置的方法 ● 掌握Windows 8用户界面的一些特点
本章实例 展示效果	  

1.1 初识Windows 8操作系统

Windows 8是从何时开始研发、从何时开始命名为Windows 8，又有哪些版本适用于一般家庭用户？如何购买Windows 8正版系统？所有这些疑问都可在本节找到答案。

1.1.1 追溯Windows 8研发历史

2012年8月2日，微软公司正式宣布Windows 8已经正式编译完成，并且向OEM和合作伙伴发布RTM版，Windows 8正式翻开了它历史性的篇章。从风声水起至今，Windows 8经历了许多，外界对Windows 8的评论也褒贬不一。下面回顾Windows 8的开发历程，以帮助大家用理性的心态去看待一个或可能改变世界的产品。

1 初见微软Windows 8计划

2010年6月，某位微软公司的狂热支持者在其博客中就公布了一些有关Windows 8的机密信息，也就是微软对下一代操作系统Windows 8的开发计划。随之Windows 8的开发计划细节也在网上流传，这是一份包括Windows 8开发内容在内的多方面的幻灯片，从Windows 8的目标受众、开发人员、产品技术到Windows 8的产品周期等，都记录得非常详细。

在本计划中存有许多亮点，微软将开发人员的范围扩大了很多，包括业务爱好者、非专业开发人员、专业人员以及科学、技术、工程和数学开发人员。微软为了抢占市场，也将Windows 8移动化，从而使其更适用于平板电脑、一体机，并针对不同的设备定制Windows体验。其最大亮点是Windows 8内置Windows Store（应用商店），用户可以下载他们需要的应用程序，而且这些应用程序较有安全保障，可以放心地在任何Windows 8设备上运行。

② 2010年微软架构分会

在2010年举办的微软架构分会上，微软某一张幻灯片中提到了2012年的"下一代Windows"客户端的虚拟化。从一些图表的显示中，也能更清晰地看出微软计划怎样开发与定位Windows 8。在 Windows XP和Windows Vista中，微软实现了用户数据和用户设置的虚拟化；在Windows 7中，系统通过使用App-V实现了用户数据、设置和应用程序的虚拟化；在下一代Windows中，微软将通过本地虚拟磁盘（VHD）来实现操作系统的虚拟化。

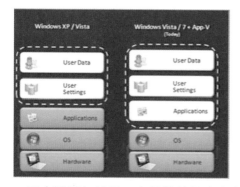

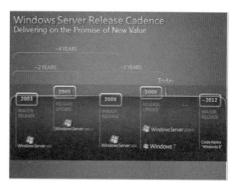

而在2010年11月，在微软的招聘启事中发现，微软计划为Windows 8开发一个基于Windows Azure的云备份客户端，其宗旨是为了整合更多的Windows Live，业界猜测Windows 8可能更会侧重于云计算服务。

3 处于早期开发阶段的Windows 8露面

在2011年1月的CES 2011大会上，微软Windows部门主管Steven Sinofsky为大家奉上了大餐前的"开胃菜"，演示了"下一代Windows"系统在ARM架构上的运行。这是Windows 8的首次官方露面，不过依然是犹抱琵琶半遮面。由于仍处在早期开发阶段，Windows 8的用户界面与Windows 7的界面并没有明显变化。

而据当时一家网站泄露的Windows 8安装截图可明确地看出，微软口中的"下一代Windows"就被称为Windows 8。版权声明页显示Copyright Microsoft 2012也证实了Windows 8 RTM将在2012年发布的消息属实。

至此，Windows 8的面貌与发布时间似乎已成定局，广大开发者、爱好者也对Windows 8有着褒贬不一的看法，评论更如同雨后春笋，很多业界人士都发表了文章，预测微软对Windows 8功能应加强、修改的各个方面。

4 Windows 8开发者预览版正式发布

2011年9月14日，是一个如同里程碑的日子。微软在美国举办Build大会，而本次大会的主角就是Windows 8。此次盛会上微软Windows & Windows Live部门总裁Steven Sinofsky介绍了Windows 8的五大特色：触控优先用户界面、更多与功能强大/保持连接的应用程序交互的新方式、增强的基本功能、为Windows Store开发应用的新机会、支持新一代的硬件。

微软Windows项目管理副总裁也在现场演示全新的Metro体验，快捷流畅、有沉浸感，且以应用程序为中心。Windows Web Services高级副总裁Antoine Leblond分享了构建Metro风格应用的KPI、开发方案，以及开发者如何充分利用Windows 8的新特性进行应用开发和应用间的交互。最后Windows Planning and Ecosystem副总裁Michael Angiulo介绍Windows 8对硬件支持的强大性，对基于ARM的芯片组、x86设备、触摸屏和传感器的支持意味着Windows 8可以在各种设备上完美运行。

与此同时，Windows 8开发者预览版也随之正式公布。据数据统计，不到一晚时间Windows 8开发者预览版已被下载50万次。由此可见，全球用户对Windows 8的渴望，对微软的信任都不言而喻。

5 Windows 8 Beta 版正式发布

2012年2月29日，微软在西班牙巴塞罗那2012年世界移动通信大会上发布其下一代操作系统——Windows 8消费者预览版（Beta测试版），共发布"普通版"和"企业版"两个版本。

以上就是Window 8在近两年的较大动态。微软曾是操作系统的王者，曾铸就辉煌，也曾中途黯淡，但Windows 8将是微软的又一大力作，灌注了微软的最新技术和心血。

1.1.2 认识Windows 8各个版本

2013年1月，Windows 8迎来了两大里程碑式的事件。首先是微软发布了上一季度财报，数据揭示了这款新操作系统对该公司利润的影响；其次则是Windows 8发布满3个月。此时，作为Windows 8用户，也应该对该系统的各个版本信息有一个大致的了解。

1 开发时间表及版本注释

从2010年9月到2012年11月，Windows 8经历过的一些版本开发时间如下。

- 2010年9月22日：Milestone 1（NT 6.1，Build 7850）。
- 2011年2月14日：Pre—Milestone 2（Build 7927，fbl_srv_wdacxml）。

- 2011年2月28日：Pre-Milestone 3（Build 7955，fbl_srv_wdacxml）。
- 2011年3月7日：Pre-Milestone 3（Build 7959，fbl_srv_wdacxml）。
- 2011年4月21日：Milestone 3（Build 7989）。
- 2011年8月30日：Developer Preview（Build 8102）。
- 2012年2月29日：Consumer Preview（Build 8250）。
- 2012年5月31日：Release Preview（Build 8400）。
- 2012年7月25日：Release to Manufacturing（Build 9200.16384）。
- 2012年10月10日：累积更新KB2756872（Build 9200.16420）。
- 2012年11月13日：累积更新KB2770917（Build 9200.16442）。

对于开发版本的一些注解说明，下面进行简单介绍。

- Milestone：具有"里程碑"之意，是对系统进行改进的阶段。Windows的Milestone一般会分为3个阶段（M1、M2和M3）。
- Developer Preview（DP）：开发者预览版，提供给软件应用开发商的预览版本，为Milestone 3分支常规版本。
- Consumer Preview（CP）：消费者预览版，也称为"系统软件公测版"，其前身为大家熟悉的Beta版。消费者预览版是给各国的系统测试员作为测试的版本，提供多国语言，也提供公开的下载。Windows 8的CP版于2012年2月29日发布。
- Release Preview（RP）：发行预览版，也就是大家熟悉的RP版。RP版不会再加入新的功能了，主要着重于除错，并将CP版反馈回来的不足加以修正，是新系统比较稳定的版本。
- Release to Manufacturing（RTM）：软件正式在零售商店上架前，需要一段时间来压片、包装、配销，所以程序代码必须在正式发行前一段时间就完成，这个完成的程序代码称为final.code。程序代码开发完成后，要将母片送到工厂大量压片，这个版本就称为RTM版。
- WinMain：常规稳定版本。
- SRV（Server）：服务器版，提供给服务器应用的预览版本。
- FBL（Feature Build Lab）：功能生成实验室版本。有不同FBL构建，任何一支团队均可实施新功能或bug修复。
- WDACXML（Windows Data Access Components XML）：XML数据访问组件版本。

2 Windows 8版本类型说明

Windows 8让用户能够快速浏览网页、观看电影、玩游戏、润色简历、创作精彩的演示文稿，这一切全都可以在一台电脑上实现。其目前可用的一些版本类型介绍如下。

- Windows 8 核心版：一般称为Windows 8，适用于台式机和笔记本用户及普通家庭用户。对于普通用户来讲，Windows 8就是最佳选择——包括全新的

Windows商店、文件资源管理器（原Windows资源管理器）、任务管理器等，还包含以前仅在企业版/旗舰版中才提供的功能服务。针对中国等市场，微软将提供本地语言版，即Windows 8中文版。

● Windows 8 专业版：一般称为Windows 8 Pro。面向技术爱好者和企业/技术人员，内置一系列Windows 8增强的技术，包括加密、虚拟化、PC管理和域名连接等。但这并不意味着包含Windows 8所有功能，例如不包含Windows to go/Dictc域连接等功能，而且只有该版本含有Windows Media Center。

● Windows 8 企业版：Windows 8企业版包括专业版的所有功能。另外，为了满足企业的需求，企业版还将增加PC管理和部署、先进的安全性、虚拟化等功能。

● Windows RT版：专门为ARM架构设计，无法单独购买，只能预装在采用ARM架构处理器的PC和平板电脑中。Windows RT无法兼容x86软件，但将附带专为触摸屏设计的微软Word、Excel、PowerPoint和OneNote。

> **高手指点——Windows RT版的应用领域**
>
> Windows RT版专注于ARM平台，并不会单独零售，仅采用预装的方式发行。Windows RT版中包含针对触摸操作进行优化的微软Word、Excel、PowerPoint和OneNote桌面版，但并不允许其他桌面版软件的安装，可通过Windows RT开发环境为其创建Metro应用。

1.1.3 购买Windows 8的方法

由于Windows 8实体软件包目前未在中国地区进行发售，因此普通用户获取Windows 8一般通过电脑下载。下面就来看看升级Windows 8都有哪些方式。

1 下载官方升级

最传统的方式就是通过官方下载升级。登录微软官方网站进入Windows 8购买页面，就可以看到硕大的"仅需￥248即可下载专业版"的字样。

单击下载按钮后会下载一个Windows 8升级助手。下载完成后运行，它将确定用户电脑是否为Windows 8做好准备，并提供一份兼容性报告。如果当前电脑已为Windows 8做好准备，升级助手将指导完成购买、下载和安装的步骤。

需要注意的是，这个248元人民币的升级价格是有期限的，只有在2012年10月26日至2013年1月31日期间购买才能享受到这个优惠价格。另外，若要安装Windows 8 Pro，用户必须运行Windows XP SP3、Windows Vista或Windows 7。

整体而言，这次Windows 8的价格是非常实惠的，而且升级方式也更加简单，免去了在商店购买光盘再安装的麻烦。

2 购买Windows 8电脑和平板

除了升级安装外，用户还可以通过购买全新Windows 8电脑的方式来获得该系统。在微软官方网站上，可以看到推荐了4款全新的Windows 8设备，包括Samsung ATIV智能电脑、Sony VAIO T 13系列平板笔记本、Acer Aspire S7-391笔记本和Sony VAIO Tap 20一体机，还给出了具体的购买推荐地址。

3 购买Windows RT版Surface

Windows RT这个针对平板电脑推出的操作系统将不直接开放下载和销售，而只是预装在Windows RT平板电脑中，因此体验Windows RT唯一的方法就是购买一部Windows RT平板。微软官方网站同样提供了具体的售价及购买方式等信息。

以上就是目前国内用户升级Windows 8的方式，包括Windows 8升级助手升级（248元）、购买Windows 8电脑（因电脑价格而异）和购买Surface平板（3688～5288元）。至于选择哪一个购买方式，就根据自己实际的需求而定了。

1.2 了解Windows 8操作系统

Windows 8是由微软公司开发的具有革命性变化的操作系统。该系统旨在让人们的日常电脑操作更加简单和快捷，为人们提供高效易行的工作环境。这款新的Windows操作系统有哪些改进的功能亮点，对用户电脑的硬件环境又有哪些要求？本节即重点介绍。

1.2.1 了解Windows 8新增内容

Windows 8在Windows 7的基础上，在性能、安全性、隐私性、系统稳定性等方面都取得了长足的进步。不仅如此，新系统还在用户界面、文件管理等诸多方面，为用户呈现了一个全新的操作系统。下面就一起来了解Windows 8新增的一些功能内容。

1 创新的用户界面

Windows 8分为Windows传统界面和Metro（新Windows UI）界面，两个界面可以由用户的喜好自由切换。Metro风格操作界面被称为"开始屏幕"，切换传统桌面与"开始屏幕"最快捷的方式就是使用键盘的Windows键，而"开始屏幕"切换到传统桌面则可以直接单击"桌面"图标。

Metro（新Windows UI）是长方图形的功能界面组合方块（由磁贴组成），是Zune的招牌设计。刚开始该界面被运用在微软的智能手机系统Windows Phone平台中。

Metro界面是一种界面展示技术，和苹果的iOS、谷歌的Android界面最大的区别在于：后两种都是以应用为主要呈现对象，而Metro界面强调的是信息本身，不是冗余的界面元素。显示下一个界面的部分元素的作用主要是提示用户"这儿有更多信息"。同时在视觉效果方面，这有助于形成一种身临其境的感觉。

2 改进的资源管理器

在Windows 8中，告别了以前所熟悉的"Windows资源管理器"这个名称（即explorer.exe），而改为了File Explorer，中文译名为"文件资源管理器"。此举或许是为了微软最新的手机操作系统Windows Phone 8，虽然和Windows 8是同一内核，但是系统名称实际是Windows Phone，而不是Windows。因此，微软为了在Windows Phone 8设备叫法上的"兼容性"，把Windows Explorer改为File Explorer，其实也更加合理。

3 声控操作系统

使用过Windows Vista和Windows 7的声控功能吗？如果用过，一定会对其强大的声音识别能力印象深刻。如果用户还没有用过，那在Windows 8系统里就可以好好体验一下了。

4 触屏操作系统

多点触屏技术是Windows 7的一个亮点。但很可惜，市场上没有这么多且廉价的支持多点触屏的显示器，使得这个亮点形同虚设。从视频上来看，手指也仅仅是第二个鼠标而已。但Windows 8的推出，正赶上多点触屏显示器大规模上市之时，所以微软坚持在Windows 8里加入并强化多点触屏技术，使其成为一款真正的触屏操作系统。Windows 8触摸操作系统的完善，可以使KUPA X11平板电脑的触摸体验更加流畅。

5 基于Web的云操作系统

云计算模式使得未来的云时代需要一种基于Web的操作系统，这种系统依靠分布在各地的数据中心提供运行平台，而应用这种系统平台则通过互联网。这种架构模式使得在未来的云计算时代，强大的终端将变得不再必要。微软的Windows Azure云操作系统就是在这样一种思路下开发并发布的，该系统也是微软试图像今天主宰个人操作系统市场一样，主宰未来的云操作系统市场，并为未来云计算之战抓取战略筹码。

而Windows 8也将会推出云服务器版，这表示Windows 8的云服务器版将有可能会是Windows Azure，这代表Windows 8会与云计算有直接关系，因为这项技术有太多诱人之处。

此外，Windows 8还具备全新的电源管理系统、浏览器更新升级到Internet Explorer 10，而且允许用户在无须事前备份数据的情况下进行系统重新安装。Windows 8还包含一个新的"混合启动"（Hybrid Boot）方式，即使用进阶的休眠功能来替代关机的功能。在整合既有的启动模式和新增的快速休眠/唤起特性后，让Windows 8的系统转为一种类似休眠的状态，同时减少内存暂存的数据写入，大幅缩短开机时硬盘读取与初始化的时间。

1.2.2 了解Windows 8操作系统配置要求

要升级安装Windows 8，许多用户第一个疑问就是，自己当前的电脑配置是否符合Windows 8的安装需求。实际上，Windows 8对电脑硬件的配置要求并不高，官方显示的最低配置要求如下。

- CPU：1GHz。
- 内存：1GB RAM（32位）或2GB RAM（64位）。
- 硬盘：16GB（32位）或20GB（64位）。
- 显卡：Microsoft DirectX 9图形设备或更高版本。
- 声卡：创新SB X-Fi Elite Pro。
- 分辨率：若要访问Windows应用商店并下载和运行程序，需要有效的Internet连接及至少1024像素×768像素的屏幕分辨率。若要支持拖曳程序，需要至少1366像素×768像素的屏幕分辨率。
- 其他：若要使用触控，需要支持多点触控的平板电脑或显示器。

1.3 动动手——使用专业软件查看电脑硬件配置

既然安装Windows 8系统需要有一定合格的硬件配置，那么如何详细知道当前电脑的硬件配置是否达到了安装要求呢？可以安装一个简单好用的软件来帮助查看电脑硬件配置。

光盘同步文件
同步视频文件：光盘\同步教学文件\第1章\1.3.mp4

此种情况下，可以下载并安装EVEREST Ultimate软件来进行检测。EVEREST Ultimate是一款测试软硬件系统信息的工具，可以详细地显示出PC每一个方面的信息。EVEREST最新的硬件信息数据库拥有最准确、最强大的系统诊断和解决方案，支持最新的图形处理器和主板芯片组。

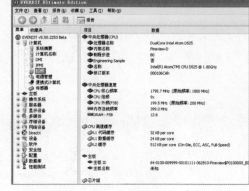

第2章

把Windows 8操作系统带回家

本 章 导 读	Windows 8操作系统的安装和之前的Windows 7操作系统一样，可以根据不同的介质来实现不同的安装操作，比如最常见的通过硬盘安装的方法，以及通过U盘或移动硬盘的方式来快捷安装的方法，或是最常规的光盘安装法等。本章将会给大家带来关于Windows 8操作系统的安装、系统驱动的安装以及安装完成后的初始配置等全面的内容。
本章学完后 您会的技能	● 掌握全新安装Windows 8操作系统的方法 ● 学会安装完成后的初始配置 ● 掌握登录Windows 8操作系统的方法 ● 掌握联网查找并安装硬件驱动的方法 ● 掌握使用第三方工具安装硬件驱动的方法 ● 掌握用U盘安装Windows 8操作系统的方法
本章实例 展示效果	 

2.1 获取Windows 8安装程序和规划硬盘分区

　　Windows 8安装程序的获取，目前主要是通过网络实现。现在，微软方面已经开通了Windows 8操作系统的中国官方网站，通过该网站即可下载到正版安装程序。

2.1.1 获取Windows 8安装程序

　　最初，微软公司通过"MSDN订户下载中心"就预先发布了Windows 8的MSDN正式版官方原版。普通用户也可通过"MSDN订户下载中心"查看Windows 8等产品镜像的文件名以及SHA1校验值等信息。下面来看看通过"MSDN订户下载中心"下载Windows 8相应版本的方法。

 光盘同步文件
同步视频文件：光盘\同步教学文件\第2章\2.1.1.mp4

Step 01 打开电脑上的IE浏览器，在地址栏中输入http://msdn.microsoft.com/subscriptions/downloads/进入"MSDN订户下载中心"，如下左图所示。

Step 02 在打开的页面下方"热门产品"类别下，单击Windows 8链接，如下右图所示。

Step 03 随后将进入Windows 8版本列表及相应的下载页面，选择适合自己的版本，单击右方的"下载"按钮，如下左图所示。

Step 04 打开Windows 8版本详情介绍页面，确定是自己需要的版本后，在页面中找到并单击"下载"链接即可，如下右图所示。

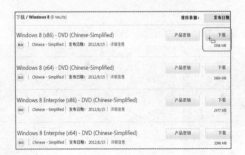 

现在，可以通过Windows 8中国官方网站（http://windows.microsoft.com/zh-CN/windows/home）来直接购买官方正版的Windows 8操作系统了，该系统的获取途径还是相当方便的。

 高手指点——购买Windows 8流程

在上图中单击按钮后会下载一个"Windows 8升级助手"，这个小工具将帮助用户确定自己的电脑是否已经为安装Windows 8操作系统做好了准备，并会提供一份兼容性报告。如果用户电脑已为Windows 8做好了准备，升级助手即会指导用户完成剩下的购买、下载和安装等步骤。

 提个醒——注意Windows 8升级助手的提示

有些用户在使用Windows 8升级助手时，可能会提示当前并不支持在线购买Windows 8操作系统，这可能是由于当前电脑使用了盗版系统的缘故，就只能前往当地微软实体店购买了。

2.1.2　安装Windows 8操作系统前对硬盘分区的规划

新装的Windows 8操作系统会占用10~15GB的硬盘空间，所以如果用户想将现有系统直接升级为Windows 8，那么最好先将现有系统分区容量提升；如果是全新安装Windows 8，并和现有系统组成双系统，那么就需要借助一些工具来调整现有的分区布局。

1 扩充原有系统分区的容量

原有的系统分区容量或许有限，由于要升级安装Windows 8，因此也应该对其进行一些调整。作为系统盘，其重要性不言而喻。只有系统盘有足够的空间，能保证系统的稳定运行，才能充分发挥电脑的总体性能。

针对以上描述，建议为系统盘划分50GB的空间。因为如果要提高系统的性能，系统盘就必须留有足够的空间，用于存储安装或运行一些软件时释放的临时文件，还有磁盘整理时所必需的交换空间等。除了系统盘，任何一个磁盘的空间占用率最好都不要超过80%，这样才能让磁盘运行得更好，所以推荐为系统盘尽量多划分一些空间。

Windows 8系统操作与应用一本通

高手指点——关于Windows 8操作系统的磁盘空间占用

在安装Windows 8之前，要为其划分多大的系统磁盘空间，是首先要考虑的重要因素。微软官方的建议是安装Windows 8（x86）至少需要16GB可用磁盘空间；安装Windows 8（x64）至少需要20GB可用磁盘空间。但实际上，应该将系统所在分区空间设置为官方建议的一倍为宜。

2 单独为Windows 8划分磁盘空间

这主要是指全新安装Windows 8，并和原有系统组成双系统的安装方法。这种安装方法需要在现有磁盘分区体系中，为Windows 8单独划分一个磁盘分区；这个分区不一定是主分区，也可以是逻辑分区。

3 变更现有磁盘分区的方法

要变更现有磁盘分区，可以使用第三方工具来帮助完成。对于现有系统是Windows 7的用户来说，推荐使用Acronis Disk Director Suite这个目前唯一的一款完美支持Windows 7的Windows下无损分区软件。这款软件兼容各种分区格式，包括Windows 7的特殊分区格式、笔记本厂商制作的隐藏恢复分区等，相比Partition Magic来说，性能更好一些。

下面以增加Windows 7系统分区的容量以满足Windows 8安装需要为例，来看看在Acronis Disk Director Suite软件中如何实现磁盘分区变更。

 光盘同步文件

同步视频文件：光盘\同步教学文件\第2章\2.1.2.mp4

Step 01 打开软件界面后，先单击界面左上方的"增加空闲空间"链接文字，进入增加空闲空间向导界面，如下左图所示。

Step 02 ①单击要增加空闲空间的分区，注意查看其可用的剩余空间；②单击"下一步"按钮继续，如下右图所示。

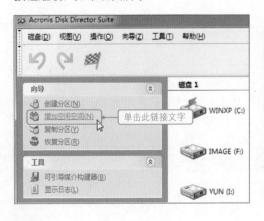 

Step **03** ❶勾选要取走空间的分区；❷单击"下一步"按钮，如下左图所示。

Step **04** 向导程序开始进行必要的准备工作，等待完成，如下右图所示。

高手指点——如何选择空闲分区

　　当需要对其中一个分区增加空间时，要取走空间的分区最好选择与之相邻的，这样才不会导致磁盘分区表过于凌乱。

Step **05** ❶通过滑块或下方的数字区，调整要分离的空间大小；❷单击"下一步"按钮，如下左图所示。

Step **06** ❶确认调整无误；❷单击"完成"按钮，如下右图所示。

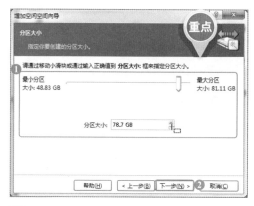 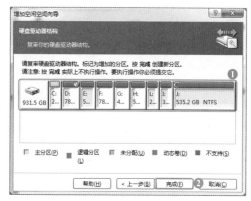

Step **07** 返回Acronis Disk Director Suite主界面后，单击工具栏上的"提交"按钮执行操作，如下页左图所示。

Step **08** 最后会提示用户再次确认所做的修改，检查无误后单击"继续"按钮，等待软件调整完成即可，如下页右图所示。

Q & A **提个醒——Acronis Disk Director Suite操作注意事项**

完成前期的设置工作并在步骤08中单击"继续"按钮后，请保持当前无其他正在运行的磁盘应用，以便让Acronis Disk Director Suite可以"专注"地工作；否则，Acronis Disk Director Suite对磁盘进行的修改操作可能会报错，轻则影响进程，重则损坏磁盘分区表。

2.2 在Windows 7操作系统下全新安装 Windows 8

要在Windows 7操作系统下安装Windows 8，方法实际上就和以前从Windows Vista全新安装Windows 7操作系统一样。最简单的实现方法就是在硬盘中用Windows 8安装镜像文件来启动安装。接下来，我们将介绍通过正版安装光盘来全新安装Windows 8的方法。

2.2.1 用安装光盘全新安装Windows 8操作系统

在电脑光驱中放入Windows 8操作系统光盘，然后设置好电脑从光盘启动，即可进入Windows 8安装程序了。下面就来看看这款全新的操作系统是如何安装到电脑上的。

 光盘同步文件
同步视频文件：光盘\同步教学文件\第2章\2.2.1.mp4

Step 01 放入Windows 8安装光盘后，从光盘启动进入安装程序界面，保持默认选择项，单击"下一步"按钮，如下页左图所示。

Step 02 正式进入Windows 8安装步骤界面，单击"现在安装"按钮，即可进入下一步操作，如下页右图所示。

Step **03** 等待Windows 8安装程序启动完成，如下左图所示。

Step **04** ❶显示"许可条款"阅读界面，勾选"我接受许可条款"复选框；❷单击"下一步"按钮，如下右图所示。

提个醒——安装注意事项

在安装Windows 8操作系统之前，应注意先卸载原来系统上的还原类软件，如Comodo Time Machine等，否则安装时可能出现蓝屏。

Step **05** 在选择执行哪种类型的安装时要注意，由于本例是要安装一个全新的Windows 8操作系统，所以应单击"自定义，仅安装Windows（高级）"一项，如下左图所示。

Step **06** ❶提示选择Windows 8系统的安装分区，注意选择到事先已准备好的分区；❷单击"下一步"按钮，如下右图所示。

Step **07** 开始向磁盘分区复制安装文件，并执行一系列的功能安装，如下左图所示。

Step **08** 第一阶段的安装工作完成后，安装程序会提示重新启动电脑，如下右图所示。

提个醒——Windows 8操作系统安装提示

　　相对于Windows 7操作系统来说，Windows 8操作系统的安装其实要更简单一些，简单的初始向导结束后，只需等待安装程序完成剩下的文件复制工作即可；而从安装的时间上来看，只要已经安装过Windows 7操作系统，那么Windows 8所需的安装时间更短一些。

2.2.2 完成最后的安装设置

　　由于Windows 8是一款非常人性化的操作系统，而且加入了Microsoft账户登录，因此在完成第一阶段的文件复制工作后，接下来还会继续指引用户完成一系列的人性定制设置。下面就来看看相关的设置操作。

光盘同步文件

同步视频文件：光盘\同步教学文件\第2章\2.2.2.mp4

Step **01** ❶安装程序复制完成后，重新启动进入个性化设置步骤，设置一个背景颜色并为当前电脑命名；❷单击"下一步"按钮，如下左图所示。

Step **02** 提示进行Windows 8操作系统一般属性的快速设置，可单击"使用快速设置"按钮来完成此步骤，如下右图所示。

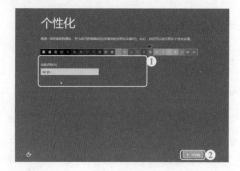 

Step 03 ❶提示输入Microsoft账户登录Windows 8操作系统时，输入Microsoft账户名；❷单击"下一步"按钮，如下左图所示。

Step 04 安装程序开始联网检查输入的Microsoft账户是否已被注册，等待检查完成，如下右图所示。

Step 05 ❶检查完成后提示输入Microsoft账户登录密码；❷输入完成后，单击"下一步"按钮，操作如下左图所示。

Step 06 Windows 8安装程序将进一步对用户输入的Microsoft账户密码进行验证，等待验证完成，如下右图所示。

Step 07 安装程序在完成Microsoft账户密码验证后，会提示用户完成电话号码、备用电子邮件的确认工作；无误后单击"下一步"按钮，如下左图所示。

Step 08 安装程序根据用户确认的信息，开始创建Windows 8登录所需的账户信息，等待创建完成，如下右图所示。

Step 09 安装程序将根据前面的配置信息，完成最后的系统设置工作，该步骤需要等待一定的时间，如下左图所示。

Step 10 和之前Windows操作系统的安装过程一样，会有一些新特性的动态介绍出现，如下右图所示。

Step 11 安装程序将进行一些必要的设置操作，这是启动前的最后一步安装设置，会等待一段时间，如下左图所示。

Step 12 安装程序会预先为默认的Windows 8操作系统安装一些应用，这些应用将在我们登录系统后，在Metro界面中看到，如下右图所示。

 提个醒——Windows 8安装提示

如果用户使用Windows 8 Consumer Preview安装程序安装Windows 8 Consumer Preview，则不需要输入产品密钥，安装程序会自动提供产品密钥。

2.2.3 登录Windows 8操作系统

完成上一小节的安装后，再稍等1~2分钟，即可按如下步骤的指引，登录Windows 8操作系统全新的Metro风格"开始屏幕"。

 光盘同步文件
同步视频文件：光盘\同步教学文件\第2章\2.2.3.mp4

Step 01 在硬件无误的情况下，系统通过自检后即会进入Windows 8特色的启动界面，初次启动将加载一些必要的驱动，如下左图所示。

Step 02 随后将进入Windows 8欢迎界面，这也是该系统另一启动上的亮点（移动鼠标即会出现登录界面），如下右图所示。

Step 03 进入Windows 8登录界面，输入Microsoft账户的登录密码，按Enter键，此时系统将对安装时配置的账户进行比对，如下左图所示。

Step 04 密码验证通过后，即可正式进入Windows 8全新的Metro界面（关于Metro界面的操作，将在随后章节中详细介绍），如下右图所示。

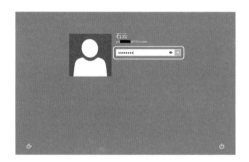

高手指点——关于Windows 8安装和启动中的亮点

Windows 8安装和启动带给用户最大的惊喜之一莫过于"Microsoft账户"。改进之后，全新的Microsoft账户（Microsoft Account）是微软诸多产品和服务的通行证，并与Windows 8一起成为微软打通和整合各类设备、平台以及产品服务的关键。因此，用户在安装该系统前，如果没有Microsoft账号，建议申请一个，待系统安装完成后就使用该账号来登录。

2.3 查找并安装硬件驱动程序

作为一款具有革命性变化的新操作系统，Windows 8更简洁、更有前瞻性，也更能适应未来互联网的发展，特别是其Metro界面和Windows应用商店，都是亮点所在。然而，每当新系统发布后，普通用户遇到最多的问题却是，如何找到与新系统匹配的硬件驱动程序呢？本小节将为大家解决这个问题。

2.3.1 通过自动更新联网寻找

Windows操作系统一直带有自动更新功能，该功能不仅可以完成Windows操作系统补丁的修复，同时也可以用于疑难硬件驱动程序的寻找。默认情况下，该项功能是开启状态；当确认当前Windows 8操作系统具备自动更新功能后，即可按如下方法来实施联网查找并更新。

 光盘同步文件
同步视频文件：光盘\同步教学文件\第2章\2.3.1.mp4

Step 01 通过按Windows+X组合键打开Windows 8菜单，单击"设备管理器"命令进入，如下左图所示。

Step 02 ❶右键单击需要更新的硬件名称；❷从快捷菜单中单击"更新驱动程序软件"命令继续，如下右图所示。

Step 03 打开"更新驱动程序软件"对话框，单击其中的"自动搜索更新的驱动程序软件"一项，操作如下左图所示。

Step 04 随后等待联网检查当前硬件驱动程序即可，如下右图所示。

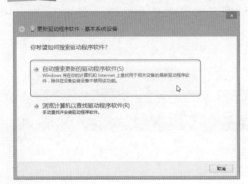

2.3.2 使用驱动精灵一键安装

更为省心的一种驱动程序安装方法是：安装一款第三方硬件驱动检测和下载安装的工具，比如"驱动精灵"。相比人工更新来说，此类工具能更智能地帮我们完成本机硬件驱动的检测和下载。下面就来看看在Windows 8操作系统环境下，如何使用驱动精灵来安装相关硬件驱动。

 光盘同步文件
同步视频文件：光盘\同步教学文件\第2章\2.3.2.mp4

Step 01 启动驱动精灵2012软件后，该软件即会自动对当前计算机进行检测，以判断有哪些硬件设备需要安装驱动程序，如下左图所示。

Step 02 检测完成后，根据结果的提示，单击相应的"修复"按钮。也可直接单击"立即解决"按钮，以软件向导方式来帮我们完成相应的修复，如下右图所示。

 高手指点——关于驱动精灵的实用价值

驱动精灵不仅可以快速、准确地检测识别系统中的所有硬件设备，而且可以通过在线更新及时地升级驱动程序，快速地提取、备份及还原硬件设备的驱动程序。在大大简化了原本复杂的操作过程的同时，也缩短了操作时间，提高了效率。

Step 03 ❶在问题解决向导中，勾选要重新安装的驱动程序名；❷单击"下一步"按钮继续，如下页左图所示。

Step 04 随后驱动精灵会提示要下载的驱动程序的大小，单击"立即解决"按钮，即会自动开始下载，如下页右图所示。

Step 05 某一个驱动程序下载安装后，软件会自动启动安装，只需按提示完成驱动程序的手动安装即可，如下左图所示。

Step 06 当最后一个硬件驱动程序下载并安装完毕后，软件会提示所有问题已经解决，需要用户单击"解决完毕"按钮确认，如下右图所示。

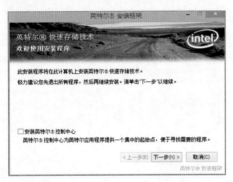 

Step 07 在"驱动程序"界面下，可以发现并修复一些未安装完善的硬件驱动项，可以在这里单独下载更新，如下左图所示。

Step 08 在"硬件检测"界面下，可以非常全面地对当前计算机做硬件参数的检测，比如处理器、主板、内存、显卡等信息，如下右图所示。

Step 09 在"驱动管理"界面下，用户可以很方便地对已安装的驱动程序进行备份和还原等操作，如下页左图所示。

Step 10 在"百宝箱"界面下，一些实用的小工具可以帮助用户完成对计算机的一些高级管理操作，比如数据恢复等，如下页右图所示。

2.4 用U盘为笔记本电脑安装Windows 8

对于没有光盘驱动器的超薄笔记本电脑来说，如何更加方便地安装Windows 8操作系统呢？其实可以自己做一个启动U盘，然后将Windows 8光盘镜像文件写入U盘中，这样就能实现移动安装Windows 8，使用起来也非常方便。

2.4.1 用软件将Windows 8镜像写入U盘

在使用U盘安装Windows 8操作系统之前，需要准备好一些工具来制作系统安装盘。首先是要准备容量为4GB或更大的U盘，然后是Windows 8操作系统的镜像文件，其次就是可用的刻录软件，下面将使用UltraISO这款刻录软件进行说明。

 光盘同步文件
同步视频文件：光盘\同步教学文件\第2章\2.4.1.mp4

Step 01 启动UltraISO软件后，依次单击"文件→打开"命令，从硬盘导入Windows 8安装镜像文件，如下左图所示。

Step 02 ❶在"打开ISO文件"对话框中，选择Windows 8安装镜像文件；❷单击"打开"按钮继续，如下右图所示。

Step 03 将Windows 8安装镜像文件导入UltraISO软件后，再依次单击"文件→写入硬盘映像"命令，如下左图所示。

Step 04 ❶进入"写入硬盘映像"对话框，确认"硬盘驱动器"中已选中U盘；❷其他各项保持默认，再单击"写入"按钮即可，如下右图所示。

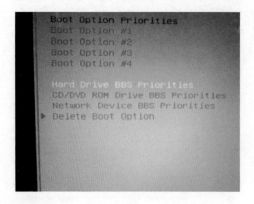

高手指点——U盘安装Windows 8的意义

经过10分钟左右的等待之后，整个安装文件就会保存在U盘中，接下来可以利用这个U盘来安装Windows 8操作系统。实际上，U盘系统与光盘系统相类似，只不过使用的物理介质不同，写入速度也有所不同。针对像超级本这类没有光驱配备的笔记本而言，U盘安装操作系统的价值就得到了很好的体现。

2.4.2 用U盘安装Windows 8操作系统

U盘安装Windows 8操作系统的首要步骤，就是打开电脑电源，在进入系统引导之前按F12键（不同型号电脑按键也不同，有些是F11、F1键等）进入启动管理器，再选择装有Windows 8操作系统文件的U盘设备来启动电脑。

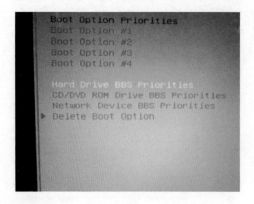

接下来的步骤就和前面小节介绍的光盘安装全新Windows 8的步骤一样了。由于U盘与光盘存在读写速度的差异，因此实际安装时间也会不一样。前面也已经提到，使用U盘来安装操作系统，将会更方便那些没有自带光盘驱动器的笔记本电脑和PC电脑。

2.5 动动手——不使用Microsoft账户完成登录

在安装Windows 8时需要配置登录账户，安装程序默认是使用Microsoft账户登录，如果当前没有该类账户，实际上也是可以自行设置一个本地账户来登录的。本章"动动手"环节，就给大家介绍如何用本地账户来登录Windows 8操作系统。

光盘同步文件
同步视频文件：光盘\同步教学文件\第2章\2.5.mp4

使用本地账户同样可以登录Windows 8操作系统，只是不能享受到Microsoft账户的信息同步功能。下面来看看相关操作步骤。

Step 01 按前面章节介绍的正常安装步骤进入"登录到电脑"界面后，单击左下方"不想用Microsoft账户登录"继续，如下页左图所示。

Step 02 随后提示用户有两种方法可以登录到Windows 8，单击"本地账户"按钮继续，如下页右图所示。

Step **03** ❶提示设置本地账户名、密码以及密码提示等项，按实际需要设置即可；❷单击"完成"按钮，如下左图所示。

Step **04** 安装程序根据用户配置完成相应的启动设置，等待完成后即可登录Windows 8，如下右图所示。

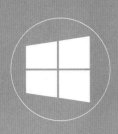

第3章

触摸Windows 8的精彩

本章导读	Windows 8操作系统的精彩之一，就是它完完全全地支持触摸操作，特别是其创新性的Metro界面，给了用户触摸一体机、平板电脑全新的操作感受。因此，要感受Windows 8的精彩，首先就应当从其特色的Metro触摸界面开始。本章将会介绍最详细的、有关Metro触摸界面的一些使用知识。

本章学完后 您会的技能	● 全面了解Microsoft账户的意义 ● 系统地了解Metro界面的起源 ● 掌握Metro界面与普通桌面的切换 ● 学会快速查找应用程序的方法 ● 掌握显示系统管理工具到Metro桌面的方法 ● 掌握Windows操作系统的开/关机方法 ● 学会使用Charm工具栏的功能按钮

本章实例 展示效果	 

3.1 初用Windows 8的一些小常识

接触一款新系统，首先接触到的就是如何使用登录账号登录以及系统开/关机、休眠、注销等一些常见的操作方法，本节即会介绍这些内容。

3.1.1 全面了解Windows 8操作系统的Microsoft账户

如果习惯了老版本Windows的安装过程，那么在安装Windows 8时可能会碰到一些不适应，因为微软默认会让用户输入一个电子邮箱来作为系统登录账号，这就是微软的Microsoft Account（微软通行证——微软账户）。对于用户而言，这个Microsoft账户所起到的实际作用还是很大的。

1 实现更广泛、便捷的平台互接

一旦注册使用并将设备关联Microsoft账户，就可用来登录并访问微软提供的Windows Phone、Windows 8、Hotmail、Messenger、SkyDrive等产品和服务，查询Xbox LIVE、Zune和Windows 8应用商店中的账号，连接到自己的Xbox游戏以跟踪高分和游戏。用户的联系人列表将适用于所有这些应用场合，当在一个地方添加新的联系人之后，对方会出现在所有其他设备和服务中。而Windows 8中则将迎来Mail、Calendar、People、Photos、Messaging、SkyDrive的Metro应用。简单地说，这就是一个"一号通"的账户，将可以适用和登录大部分出自微软公司的产品。

服务	Windows 8	Windows Phone	Web/HTML 5 (live.com)	API (dev.) (live.com)	早期版本
账户	Microsoft 帐户	Microsoft 帐户	Account.live.com	OAUTH	Windows Live ID, Passport
存储/文档	SkyDrive 应用、SkyDrive 桌面	SkyDrive 应用、Office 应用程序	SkyDrive	REST, JSON	FolderShare, Live Mesh, Windows Live Mesh
电子邮件	邮件应用	邮件应用	Hotmail.com	EAS	Windows Live Mail, Outlook Express
日历	日历应用	日历应用	Calendar.live.com	EAS, REST	Windows Live Mail, Windows 日历
联系人	人脉应用	人脉应用	People.live.com	EAS, REST	Windows 联系人
消息	消息应用	消息应用	集成到 Hotmail 和 SkyDrive	XMPP	MSN Messenger
照片/视频	照片应用、Photo Gallery、Movie Maker	照片应用、羊相	Photos.live.com	REST、JSON（通过 SkyDrive）	Windows Live 照片库、Windows Live Movie Maker

高手指点——Microsoft 账户的作用

在过去的25年间，微软没能像Google那样在互联网深耕的一大原因就是没有一个完全统一化的账号体系将所有Windows用户联系起来。最新的"Microsoft账户"则改进了这一点，在支持之前Live功能的基础上彻底将Windows 8、Windows Phone 8以及Xbox三大硬件设备整合了进来。可以说，这是一次历史性的演变。

2 实现Windows设置的同步

在Windows 8中要想登录到系统，默认需要一个账户；账户类型有两种，一种是本地新创建的账户，另一种就是新的Microsoft账户。如果用本地账户登录，将不会实现系统设置的异地同步；而如果用Microsoft账户登录，就可以享受到真正的个性化体验

——所有在当前电脑上进行的个性化和自定义设置，都将随用户一起漫游到任何其他电脑。

 提个醒——注意可实现同步的内容

除了主题、个性化设置（屏幕锁定图片、桌面背景、用户头像）等系统设置外，还可实现应用同步，即用户可以通过Microsoft账户同步该账户购买了哪些Metro风格应用，以及该账户下各PC（不超过5台）安装了哪些应用，并实现这些应用内的设置同步和状态同步。

3.1.2 Windows 8操作系统的关机方法

Windows 8操作系统由于没有了以前Windows操作系统中熟悉的"开始"按钮，所以不少初次接触此系统的用户，可能会对关机操作感到茫然。其实，在Windows 8操作系统里也可以很简单地实现以上操作。下面就来看看相关的一些实施方法。

1 最常规的关机方法

最常规的关机方法，就是在Metro界面下通过"电源"按钮来完成，具体操作步骤如下。

 光盘同步文件
同步视频文件：光盘\同步教学文件\第3章\3.1.2.mp4

Step 01 在Metro界面中将光标悬停在屏幕右上角后，即会弹出一个工具栏，在其中单击"设置"按钮继续，如下左图所示。

Step 02 ①在"设置"工具栏下方单击"电源"按钮；②从弹出的菜单中单击"关机"命令即可，如下右图所示。

2 组合键关机方法

Ctrl+Alt+Delete是"历史留下来"的Windows 8关机方法，同时按住键盘上的Ctrl+Alt+Delete这3键之后，在新窗口的右下方就能找到"关机"按钮。

单击该命令即可快速实现关机操作

提个醒——关机操作要慎重

在Windows 8系统中，当要实施关机操作时，请注意保存好运行的程序或修改的文件，因为Windows 8的关机操作是没有再次确认的提醒的，一旦选择了"关机"命令，系统会立刻进行注销关机操作。

3 对话框关机方法

实际上，Windows 8操作系统的关机操作还可以使用Alt+F4键这种方法来进行。大家可以发现，这其实也是以往Windows操作系统所采用的关机方法之一，在Windows 8操作系统中同样适用。按下这个组合键后，从弹出的对话框中选择"关机"一项即可。

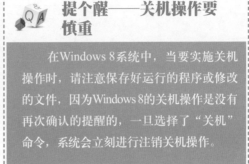

高手指点——命令关机方法

在Windows 8操作系统中，用户也可以使用命令进行关机操作。在Windows 8任意界面下按快捷键Windows+R，调出"运行"对话框，然后在打开的对话框中输入命令shutdown –s –t 0，再按Enter键即可。

3.1.3 Windows 8操作系统的锁定方法

如果用户临时有事需要暂时离开电脑，为了保证正在操作的窗口不被其他人浏览到，可以使用Windows 8的"屏幕锁定"功能来暂时将桌面锁定。方法其实很简单，在Metro界面右上角用户名称上单击，在弹出的菜单中单击"锁定"选项即可；当然，在任何状态下使用组合键Ctrl+Alt+Delete，也能达到相同的目的。

高手指点——快速锁定屏幕的技巧

除了上述方法外，用户也可以通过快捷键Windows+L快速锁定屏幕。

3.2 触摸Windows 8的Metro全新界面

从现在起，就要正式接触Windows 8操作系统的Metro界面了。这个全新的、为触摸而生的界面，到底有哪些吸引人之处？下面将一一为大家介绍。

3.2.1 了解Metro界面

Metro是微软在Windows Phone中正式引入的一种界面设计语言，也是Windows 8的主要界面显示风格。在Windows Phone之前，微软已经在Zune Player和XBox 360主机中尝试采用过类似的界面风格，并得到了用户的广泛认可。于是，微软在新发布的Windows Phone、已经发布的Windows 8预览版以及Office 15、Xbox LIVE中也采用了Metro设计，今后的微软产品中将更多地能看到Metro的影子，而更少地看到传统的Windows视窗界面。

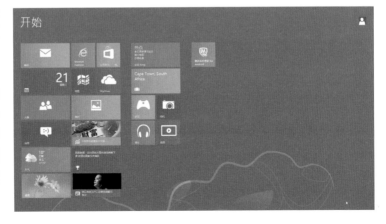

> **高手指点——Metro界面的核心理念**
>
> "Metro化"的核心其实就是"内容/信息中心化"，通过减少不必要的元素来突显本质。众所周知，之前在产品上"虎头蛇尾"的微软近两年一直在大力推广Metro，无论是Zune、Xbox、Windows Phone还是Windows 8，出于风格统一的目的，今后用户还会在更多的微软传统桌面软件产品中看到Metro化的影子。

3.2.2 Metro界面的组成

初看Metro界面，就像在iPhone或是iPad中看到的界面一样，可以操作的内容以图块的方式排列而成，并且Windows 8默认已内置了许多新鲜的应用工具。这个界面设计之初主要是为了适合触摸屏的平板电脑及手机使用；当然，现在触摸式的一体电脑及笔记本电脑也可以使用它了。

1 应用程序

Metro界面的主体部分即是Windows 8操作系统默认内置的、丰富的应用程序，其排列也依据不同应用程序图标的大小来组合，整体视觉上非常清晰。也有一种说法是：

将这些应用程序图标称为"磁贴"，就像是一个个被粘在背景墙上的磁贴片，这种描述也非常形象。值得注意的是，Metro界面下的这些应用程序图标，大多是会根据具体的应用内容实时更新的（主要是指那些在线应用工具，比如资讯类），所以用户通过这个默认的Metro界面，就可以实现不少的应用需求。

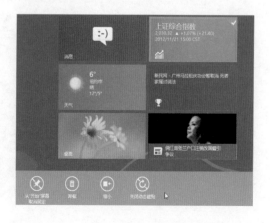

2 快捷菜单

Metro界面下的快捷菜单默认是"隐藏"着的，当用户无论是在应用程序图标上或是空白处单击鼠标右键，在界面下方都会弹出一个相应的长条形功能菜单，这个区域所显示的就是快捷菜单。用户在对Metro界面中的应用程序进行各种操作时，都会用到这些快捷菜单，至于菜单中各按钮的具体功能，将在随后的内容中详细介绍。这里，大家只需要了解快捷菜单的位置以及如何将其调出即可。

3 滚动条

Metro界面是支持自由定制的，而且
当用户自行安装其他应用工具时，默认也
会在Metro界面中添加程序的快捷图标，
因为Metro界面其实也是Windows 8操作系
统的一个桌面。当用户在系统中安装了
许多应用程序后，Metro界面第一屏无法
显示完时，Windows 8即会自动生成第二
屏、第三屏的Metro界面，在界面下方就
会出现横向滚动条，用户通过拖曳滚动条
即可显示其他应用程序图标。

4 Charm工具栏

2011年9月12日，微软为Charm（主要的含义为"魅力"）提交商标注册申请；微
软申请的CHARM商标属于计算机与软件
产品以及电子和科学产品类别，微软把这
个词解释为一个计算程序：软件和操作系
统之间的图形用户界面。不久，微软就在
Windows 8中添加了Charm工具栏。

从右向左滑动屏幕或者将鼠标指针移
动到屏幕右上角，将看到Charm工具栏，
内置菜单图标包括搜索、共享、开始、设
备和设置。此外，在开始屏幕左下角还会
显示时间、日期、电池状态、网络连接状
态等信息。

> **高手指点——Charm工具栏的意义**
>
> Charm工具栏是微软对整个Windows 8开始菜单的全面更新，是一个以触摸或键盘
> 模式快捷访问操作系统时的重要组成部分。

3.2.3 Metro界面与传统桌面的切换

Windows 8操作系统的一大革命性特征就是，在一套系统中包含两套应用桌面（特
色的Metro界面和传统的Windows桌面），且可实现非常方便地切换。切换的方法也非常
简单，在任意桌面风格中按键盘上的Windows键即可。

提个醒——为何会有两套应用桌面

为让大多数用户都能适应改变，微软公司在新的Windows 8操作系统中就加入了兼具可互相随意切换的两种用户桌面：其一，众人所知的Metro界面风格，更加适合于平板电脑和触摸式便携设备；其二，保留适合一般台式机和笔记本电脑的传统用户界面。

Windows 8常规的桌面和传统Windows桌面风格一致，唯一不同的就是左下角的"开始"按钮消失了（关于如何找回这个"开始"按钮，将在随后内容中介绍）。当用户安装了其他应用程序后，相应的程序快捷图标会同时出现在传统Windows桌面和Metro桌面上。

 高手指点——Metro界面与传统桌面切换的其他方法

在Metro界面中使用快捷键Windows+D，也可以快速切换至传统Windows桌面。另外，在Charm工具栏中，单击"开始"按钮，同样可以切换到传统桌面。

3.2.4 调整界面图标位置和大小

Metro界面中默认的程序图标支持自定义调整，比如调整图标位置和大小，以方便用户重新组合Metro界面，这类调整操作在用户安装了更多第三方工具后，界面变得很凌乱时将特别有用。下面以"人脉"和"照片"两个程序图标为例，看看如何将它们缩小后调整到一起。

光盘同步文件

同步视频文件：光盘\同步教学文件\第3章\3.2.4.mp4

Step **01** ❶右键单击"照片"程序图标；❷从下方快捷菜单中单击"缩小"按钮，如下左图所示。

Step **02** ❶右键单击"人脉"程序图标；❷从下方快捷菜单中单击"缩小"按钮，如下右图所示。

 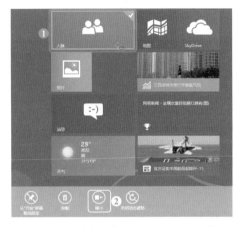

Step **03** 单击鼠标拖动"人脉"或"照片"程序图标，将它们拖放在一起即可，如下左图所示。

Step **04** 拖放完成后松开鼠标左键，即可看到调整后的效果，如下右图所示。

高手指点——认识Metro界面自带的应用程序

　　默认状态下，Metro界面即是一个应用的集合体。用户不需要安装任何第三方工具，即可完成一些基本的操作，比如看图、播放视频、听音乐等；而如果当前电脑已经连接互联网，将还可以使用到Windows 8的IE 10浏览器、天气组件、新闻阅读以及Windows 8特有的"应用商店"（有关这些应用工具的使用将在随后的章节中介绍）。

3.2.5 取消界面图标的显示

用户自行安装的其他应用工具，默认都会在Metro界面中创建一个快速启动图标。如果不希望在Metro界面摆放太多程序图标，可以通过如下方法来将其取消显示（只是取消图标显示，不会删除程序本身）。

光盘同步文件
同步视频文件：光盘\同步教学文件\第3章\3.2.5.mp4

Step 01 右键单击要取消显示的程序图标，使其被选中，如下左图所示。

Step 02 从界面下方弹出的快捷菜单中单击"从'开始'屏幕取消固定"按钮即可，如下右图所示。

高手指点——取消Metro界面部分图标显示的意义

平常在安装Windows应用工具时，在"开始"菜单里生成的程序运行列表除了执行程序外，往往还有卸载命令等；在Windows 8操作系统中，这些所有运行命令都会默认添加到Metro界面中，所以当程序过多后，Metro界面将变得非常凌乱，取消部分图标的显示就可以达到清理的目的。

3.2.6 开启或关闭"动态磁贴"

在Windows 8的Metro界面中，微软加入了"动态磁贴"功能，该功能可使用户不用进入应用界面即可便捷查看消息。当用户打开Windows 8的开始屏幕便可看到动态磁贴的展示，动态磁贴只支持开始屏幕长方形的Metro应用。该项功能可以自由开启和关闭，下面来看看具体操作方法。

光盘同步文件
同步视频文件：光盘\同步教学文件\第3章\3.2.6.mp4

Step 01 ❶如需启用动态磁贴，可右键单击选择该应用；❷在下方找到并单击"启用动态磁贴"即可，如下左图所示。

Step 02 ❶要关闭应用的动态磁贴，同样右键单击选择该应用；❷从快捷菜单中单击"关闭动态磁贴"按钮即可，如下右图所示。

提个醒——动态磁贴的使用

动态磁贴是Windows 8在开始屏幕下的功能，能够使用户不进入应用界面便可以便捷地查看消息，部分动态磁贴需要在网络的环境下才能正常工作。动态磁贴中的内容会不停地翻滚，用户可以选择开启或者关闭动态磁贴功能。

3.2.7 一键查看所有系统应用

所有Metro界面默认安装的应用程序、用户自行安装的其他应用工具，还有附件等工具，这些在原来的Windows操作系统的"开始"菜单中即可看到，但在Metro界面下如何查看呢？具体操作方法如下。

 光盘同步文件
同步视频文件：光盘\同步教学文件\第3章\3.2.7.mp4

Step 01 ❶右键单击Metro界面空白处；❷在快捷菜单中单击"所有应用"按钮，如下页左图所示。

Step 02 之后即可在Metro界面下查看到所有的应用工具，如下页右图所示。

3.2.8 打开或关闭Metro应用

用户在需要打开的程序图标上单击即可打开该应用程序，如果要回到Metro界面，只需要按键盘上的Windows键即可。

当经过多次操作打开了多个Metro应用程序，而又均通过Windows键来返回Metro界面，想要彻底关闭某个Metro应用程序，❶只需要在任意程序界面下将鼠标指针移至屏幕左上角，当有缩略图显示时向下移动鼠标指针；❷在需要关闭的Metro应用程序上单击鼠标右键，选择"关闭"命令即可。

3.3 使用Metro界面为应用服务

Windows 8操作系统的Metro界面为用户带来了前所未有的操作快感。当熟悉了该界面后，接下来就该好好利用它，来为日常的应用服务了。那么，在Metro界面下，还能执行哪些与应用需求相关的一般性操作呢？

3.3.1 查看全部应用的高级操作

在本章前面小节里已介绍过如何查看全部应用的操作方法，本小节要介绍的是查看全部应用的高级操作。

❶用户在"应用"界面中单击滚动条右下角的"－"按钮；❷在弹出的排列方式中选择字母或分类来快速查看所需程序。

3.3.2 添加应用到Metro界面

为了方便日常的操作，用户还可以将一些常用的应用工具以图标形式添加到Metro界面这个"开始"屏幕上，这样以后再使用就可以更快速地单击启动。比如，要将系统自带的"计算器"工具添加到Metro界面，即可按如下方法实现。

光盘同步文件

同步视频文件：光盘\同步教学文件\第3章\3.3.2.mp4

Step 01 ❶右键单击Metro界面空白处；❷在快捷菜单中单击"所有应用"按钮，如下左图所示。

Step 02 ❶右键单击"Windows附件"中的"计算器"应用图标；❷在快捷菜单中单击"固定到'开始'屏幕"按钮即可，如下右图所示。

3.3.3 卸载Metro应用程序的方法

在前面小节中介绍了取消界面图标显示的方法，那只是在Metro界面上做的移除操作，类似于隐藏而并非真正的卸载程序。在以往的Windows操作系统中，卸载程序一般需要在"添加/删除程序"中进行，或是用程序自带的卸载功能。而在Windows 8的Metro界面下，则可以直接进行程序的删除操作，具体操作方法如下。

光盘同步文件
同步视频文件：光盘\同步教学文件\第3章\3.3.3.mp4

Step 01 ❶右键单击要卸载的程序图标；❷在快捷菜单中单击"卸载"按钮，如下左图所示。

Step 02 在弹出的确认对话框中，单击"卸载"按钮即可，如下右图所示。

3.3.4 选择多个Metro应用图标

如果需要在Metro界面下同时对多个应用程序进行操作，就需要一次选中多个应用图标。该如何一次选中多个呢？具体操作方法如下。

光盘同步文件
同步视频文件：光盘\同步教学文件\第3章\3.3.4.mp4

Step 01 在需要选择的图标上单击鼠标右键，此时在图标右上角会出现"√"，提示用户该应用程序已经选中，如下页左图所示。

Step 02 用鼠标右键继续单击需要选择的其他程序图标，即可依次选中需要的图标，也可以使用方向键与空格键来配合选取，如下页右图所示。

3.3.5 分组管理Metro应用图标

排列在Metro界面下的所有应用图标，可以通过分组管理的方法来归类整理，同时Windows 8也支持分组命名。经过这样的整理后，Metro界面会显得更加井井有条。下面就来看看实现方法。

 光盘同步文件
同步视频文件：光盘\同步教学文件\第3章\3.3.5.mp4

Step 01 ❶拖曳需要归类整理的应用图标到右方的空白位置，形成单独一个排列分类；❷单击滚动条最右方的"–"按钮，打开全局查看视图，如下左图所示。

Step 02 ❶在需要进行重新命名的分类位置上单击鼠标右键；❷在下方弹出的快捷菜单中单击"命名组"按钮，如下右图所示。

Step 03 ❶调出输入法输入分类名称；❷单击"命名"按钮，完成重命名操作，如下页左图所示。

Step **04** 返回Metro界面，即可看到归类整理的效果，如下右图所示。

提个醒——分组管理Metro应用图标的好处

在Metro界面下不能建文件夹，以往Windows操作系统桌面通过文件夹来归类整理桌面的方法，显然在这里行不通。但是Metro为用户提供了另一种归类方法，就是以不同的命名来归类排列不同的应用图标，这将非常方便用户快捷找到需要的应用程序。

3.3.6 使用Windows 8搜索功能

Windows 8操作系统改进了搜索功能，只要用户打开搜索界面并输入搜索关键字，任何与之相关的应用程序、文档、图片等内容，都能快速被查找到。

1 调出搜索界面

不管用户是处于Metro界面还是传统的Windows界面下，调出屏幕右方的Charm工具栏后单击"搜索"按钮，即可打开搜索界面。

高手指点——快速进入搜索界面的方法

在Windows 8操作系统下，随时可以通过按Windows+F快捷键来进入"文件"搜索界面；而按Windows+W快捷键则可以从Windows中的任何位置直接进入"设置"搜索界面；按Windows+Q可直接进入"应用程序"搜索界面，Windows 8默认进入的也是应用程序的搜索界面。

2 使用搜索功能

Windows 8全新的搜索界面包含了搜索框、"搜索"按钮以及下方的"应用"、"设置"和"文件"3个搜索范围的选项。用户只需要在搜索框中输入相应的内容关键字，在屏幕左方即会出现搜索结果；而在搜索框下方，则会用数字提示搜索到的数量，单击3个搜索范围选项即会显示相应的搜索结果。

 高手指点——Windows 8搜索功能的特色概括

Windows 8搜索功能最大的特色就是其"一站式"搜索体验，用户在一个界面中就能完成对"应用"、"设置"、"文件"以及包括"邮件"、"应用商店"在内的所有应用的搜索，搜索结果也是汇聚在一个视图中，有很明显的搜索结果分类、预览和数字提示，此外还可以很方便地切换搜索选项。

3.4 动动手——搜索功能的另类使用

Windows 8中搜索并非仅限于系统文件、设置和应用，其还无缝集成了自带和第三方应用程序搜索。当前用户在哪个界面唤出搜索功能，就会默认搜索目前所在位置应用程序。如果用户的应用是屏幕上的主屏，它会自动在搜索窗格的应用列表中突出显示。

因此，用户还可以充分利用这个搜索功能来完成一些其他信息的搜索。比如，想搜索某个公司的股票走势，单击"财经"后，在搜索框里输入对应的公司名称或代号（如"中石化"），马上会出现相关公司的信息。搜索互联网资讯或图片也是一样，单击"必应Bing"后，输入关键字（如"风景"），就能帮用户完成搜索。

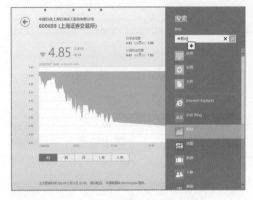

用户可以自己动手试试，看看Windows 8还能实现哪些精彩的搜索应用！

第4章
个性使用Windows 8 操作系统

本章导读	可以触摸操作的Windows 8操作系统，带给用户更多的是个性。然而，用户追求的个性使用又永远是无止境的。更改系统桌面背景、调整桌面图标分布……所有这些在之前的Windows系统中乐此不疲的个性设置，在Windows 8操作系统里又该如何进行呢？本章即会详细介绍这些个性设置的具体实现方法。
本章学完后您会的技能	● 学会设置Windows 8桌面背景 ● 学会更改桌面图标样式的方法 ● 掌握添加快速启动区图标的方法 ● 掌握更换系统锁屏背景的方法 ● 学会字体的安装和删除 ● 学会使用屏幕键盘 ● 掌握Windows 8语音识别功能的开启和使用
本章实例展示效果	 

4.1 调整Windows 8外观效果

前面章节中介绍了Metro界面的特色以及基本操作，本节将回到Windows 8操作系统下的传统桌面中，看看新系统中的Windows传统桌面有哪些可以进行的个性化外观调整。

4.1.1 调出常用桌面图标

安装好Windows 8操作系统后，默认的传统Windows桌面上除了"回收站"外，再无其他应用图标。如果用户对此感到很不习惯，可通过如下方法调出其他常用的桌面图标。

光盘同步文件
同步视频文件：光盘\同步教学文件\第4章\4.1.1.mp4

Step 01 ❶在桌面任意位置上单击鼠标右键；❷从弹出的快捷菜单中选择"个性化"命令，如下左图所示。

Step 02 在弹出的"个性化"窗口中，单击左上方的"更改桌面图标"链接，如下右图所示。

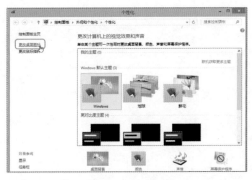

Step 03 ❶在"桌面图标设置"对话框中，勾选要在桌面上显示的应用图标；❷单击"确定"按钮，如下左图所示。

Step 04 返回Windows传统桌面，即可看到刚设置好的其他桌面图标，如下右图所示。

4.1.2 设置Windows 8桌面背景

如果觉得Windows 8传统桌面默认的背景图不够个性，可以通过自己的设置来修改这个背景图的显示。在Windows 8中设置桌面背景图的方法如下。

光盘同步文件

同步视频文件：光盘\同步教学文件\第4章\4.1.2.mp4

Step 01 ❶在桌面任意位置上单击鼠标右键；❷从弹出的快捷菜单中选择"个性化"命令，如下左图所示。

Step 02 在弹出的"个性化"窗口下方，单击"桌面背景"链接，如下右图所示。

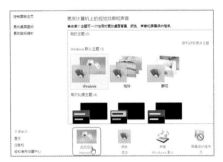

Q A 提个醒——更改桌面主题的方法

在上述步骤02所示的窗口中，除了可单击"桌面背景"链接来更换背景图外，在上方列表框中还可以设置Windows桌面主题，并且Windows 8已默认内置了多种主题样式。当用户单击某个主题样式（比如"Windows默认主题"中的"地球"）后，整个桌面包括窗口显示的风格也会随即更改。

Step 03 ❶在打开的"桌面背景"窗口下方，Windows 8内置有几种背景图片可供选择，单击即修改完成；❷单击"保存更改"按钮，如下左图所示。

Step 04 ❶要更换为系统自带之外的图片，可在右上方单击"浏览"按钮；❷在弹出的对话框中选择图片保存位置；❸单击"确定"按钮即可导入，如下右图所示。

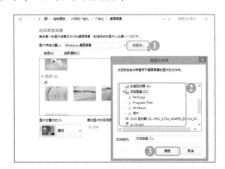

4.1.3 更改桌面图标样式

桌面图标就是可供用户快速启动程序的快捷方式，Windows 8操作系统也带有桌面图标自定义功能，比如可以自由调整图标排列方式及更换图标图片等，相关操作方法如下。

 光盘同步文件
同步视频文件：光盘\同步教学文件\第4章\4.1.3.mp4

Step 01 ❶在桌面任意位置上单击鼠标右键；❷从弹出的快捷菜单中选择"查看→大图标"命令，可让桌面图标呈放大显示，如下左图所示。

Step 02 ❶在桌面任意位置上单击鼠标右键；❷从弹出的快捷菜单中选择"排序方式→修改日期"命令，可修改桌面图标的排列方式，如下右图所示。

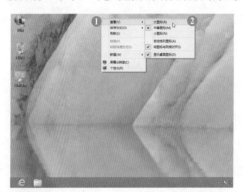 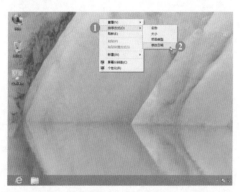

Step 03 ❶在桌面任意位置上单击鼠标右键；❷从弹出的快捷菜单中选择"个性化"命令，如下左图所示。

Step 04 在弹出的"个性化"窗口左上方，单击"更改桌面图标"链接，如下右图所示。

 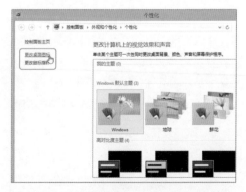

Step 05 ❶选中要修改的图标，如"计算机"；❷单击"更改图标"按钮，如下页左图所示。

Step 06 ❶选中一个图标；❷单击"确定"按钮，保存修改，如下页中图所示。

Step 07 返回"桌面图标设置"对话框，单击"确定"按钮退出，如下页右图所示。

 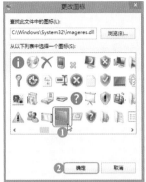 

Step 08 返回Windows传统桌面，即可看到原来
的图标已经有了新的样式，如右图所示。

4.1.4 设置窗口外观颜色

Windows 8操作系统提供了很丰富的个性化设置功能，比如针对窗口外观的颜色，
也可以通过如下方法进行个性化的修改。

 光盘同步文件
同步视频文件：光盘\同步教学文件\第4章\4.1.4.mp4

Step 01 ①在桌面任意位置上单击鼠标右键；②从弹出的快捷菜单中选择"个性化"命
令，如下左图所示。
Step 02 在弹出的"个性化"窗口下方，单击"颜色"链接，如下右图所示。

 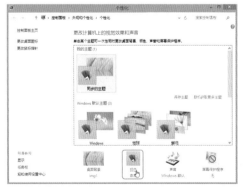

Step 03 在"颜色和外观"窗口下，默认有十余种窗口颜色可供选择，如下页左图所示。

Step 04 还可通过下方混合器调整色调、饱和度等参数，完成后单击"保存修改"按钮，如下右图所示。

4.1.5 设置屏幕保护程序

在Windows 8环境下，屏幕保护程序同样可以起到保护屏幕、个人隐私以及省电的作用。想要做出一些个性化调整，可通过如下方法来实现。

 光盘同步文件
同步视频文件：光盘\同步教学文件\第4章\4.1.5.mp4

Step 01 ❶在桌面任意位置上单击鼠标右键；❷从快捷菜单中选择"个性化"命令，如下左图所示。

Step 02 在弹出的"个性化"窗口下方，单击"屏幕保护程序"链接，如下右图所示。

Step 03 ❶选择一种屏幕保护程序样式，比如"彩带"；❷在下方设置好激活等待时间，比如2分钟；❸单击"更改电源设置"链接，如下页左图所示。

Step 04 在"编辑计划设置"窗口下，可以根据实际使用情况，调整关闭显示器的等待时间，以配合屏幕保护程序达到最大节能目的，如下页右图所示。

4.1.6 更改屏幕分辨率设置

分辨率是操作系统非常重要的性能指标之一。如果用户发现当前Windows 8传统桌面的显示效果并不理想，但又检查过显卡驱动程序已正确安装，那就需要考虑通过如下操作来调整屏幕分辨率的设置，以便让屏幕显示效果恢复正常。

 光盘同步文件

同步视频文件：光盘\同步教学文件\第4章\4.1.6.mp4

Step 01 ❶在桌面任意位置上单击鼠标右键；❷从快捷菜单中选择"屏幕分辨率"命令，如下左图所示。

Step 02 ❶在"分辨率"下拉列表中选择一个合适的选项；❷单击"高级设置"链接，如下右图所示。

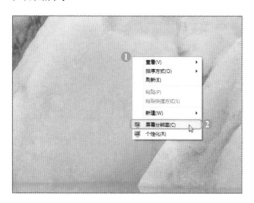

Step 03 在属性设置对话框中单击"列出所有模式"按钮，如下页左图所示。

Step 04 在"有效模式列表"下有更完整的分辨率支持项，可以进行更直观的选择，如下页右图所示。

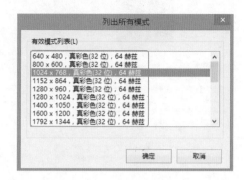

4.1.7 调整任务栏位置和大小

Windows 8的任务栏部分和旧版Windows操作系统的一样，也是可以根据需要自行调整状态的。一般的调整模式就是指其位置和大小，下面来看看相关调整操作。

 光盘同步文件
同步视频文件：光盘\同步教学文件\第4章\4.1.7.mp4

Step 01 ❶右键单击任务栏；❷确认"锁定任务栏"一项未被勾选，如下左图所示。
Step 02 在任务栏区域上按住鼠标左键向上、下、左、右拖动，即可调整其位置，如下右图所示。

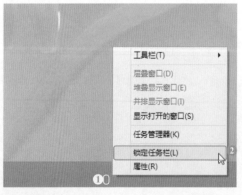

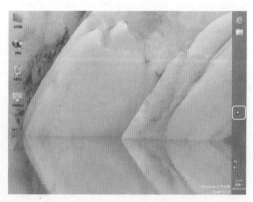

Step 03 将鼠标指针移动到任务栏边框上，当鼠标指针变成双向箭头时，拖动鼠标，即可调整任务栏的宽窄大小，如下页左图所示。
Step 04 如果将任务栏的位置调整到屏幕左方，系统桌面将自动为该任务栏让出位置，即原来桌面上的应用图标会自动右移，如下页右图所示。

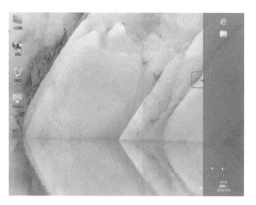
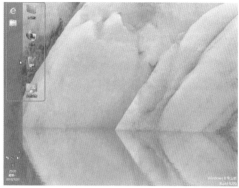

4.1.8 添加快速启动区图标

Windows 8传统桌面左下方即是快速启动区，默认图标只有两个。用户可以将常用的一些应用程序固定到此处，方便启动和使用。下面就来看看如何添加快速启动区图标。

 光盘同步文件
同步视频文件：光盘\同步教学文件\第4章\4.1.8.mp4

Step 01 右键单击Metro界面空白区域，单击"所有应用"按钮，如下左图所示。
Step 02 ❶右键单击选中应用程序；❷在快捷工具栏中单击"固定到任务栏"按钮即可，如下右图所示。

高手指点——删除快速启动区的图标

删除快速启动区图标的方法也很简单，右键单击需要删除的图标，从弹出的快捷菜单中选择"从任务栏取消固定此程序"命令即可。另外，快速启动区的图标排列顺序也可以通过鼠标拖曳来进行调整，以适应不同的操作需要。

4.1.9 更换Windows 8锁屏背景

在用户刚启动进入Windows 8系统时会有一个漂亮的锁屏界面，按Esc键或按下鼠标左键，就会进入Windows 8登录账号界面。这个锁屏界面实际上就是一个欢迎界面，其作为Windows 8操作系统新设计的一个功能，也是可以通过个性化设置来更换锁屏图片的，具体操作方法如下。

光盘同步文件

同步视频文件：光盘\同步教学文件\第4章\4.1.9.mp4

Step 01 在Metro界面下将鼠标指针移到屏幕右上角，打开Charm工具栏后单击"设置"按钮进入，如下左图所示。

Step 02 桌面右侧显示出功能界面，有"开始"、"帮助"、"通知"、"电源"等，单击"更多电脑设置"一项，如下右图所示。

Step 03 进入Windows 8操作系统的"电脑设置"界面，第一个就是"个性化设置"中的"锁屏"设置界面。系统默认内置有一些锁屏图标可供选择，也可单击"浏览"按钮自行导入，如下左图所示。

Step 04 随后进入Metro界面中的"照片"应用程序界面。如果预先有图片存储在计算机的"图片"文件夹下，即可显示；如果没有，可以单击"文件"图标，浏览计算机其他位置的图片，如下右图所示。

提个醒——"锁屏"设置界面的内容分布

　　在"锁屏"选项下方，可以看到当前的锁屏背景图片（大图），下方的小图是系统提供的其他背景图片，直接点击喜欢的小图即可快速更换锁屏背景图片。

4.1.10 自定义任务栏通知图标

　　Windows 8传统桌面右下方的任务栏通知图标区域，除了显示正在运行的各种程序外，还能直观反映声音、时间等系统功能的状态。用户可以通过设置来改变这些提醒图标的显示方式，从而让该区域的显示变得不那么凌乱。

> 光盘同步文件
>
> 同步视频文件：光盘\同步教学文件\第4章\4.1.10.mp4

Step 01 ❶右键单击任务栏空白区域；❷从快捷菜单中选择"属性"命令，如下左图所示。

Step 02 在"任务栏属性"对话框下，单击"通知区域"右侧的"自定义"按钮，如下右图所示。

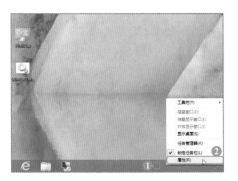

Step 03 ❶针对某一个应用程序或系统功能，可以单独设置其是否一直显示或一直隐藏；❷单击左下方的"启用或关闭系统图标"链接，如下左图所示。

Step 04 ❶对于一些不经常接触的系统功能，可以考虑将该图标关闭；❷完成设置后，单击"确定"按钮退出即可，如下右图所示。

4.2 设置系统字体

Windows操作系统中的字体，平时往往很难引起人们的注意；但对于那些追求时尚、注重个性的用户来说，Windows 8全新的界面风格，也让他们对系统字体的设置产生了兴趣。况且，系统字体对于界面的显示效果本来也起到很重要的作用。本节将介绍一些有关系统字体设置方面的知识。

4.2.1 设置字体安装环境

Windows 8操作系统为用户提供了非常智能的个性配置环境，即便是字体安装这种小细节，用户也可以进行一些更加符合实际需要的安装环境配置。下面就来看看相关实现方法。

 光盘同步文件
同步视频文件：光盘\同步教学文件\第4章\4.2.1.mp4

Step 01 按Windows+X快捷键调出功能菜单；在其中选择"控制面板"命令，如下左图所示。
Step 02 进入"控制面板"窗口后，单击"外观和个性化"链接，如下右图所示。

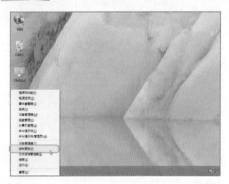 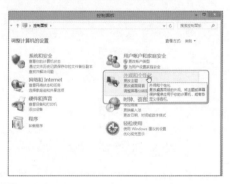

Step 03 从"字体"设置栏中单击"更改字体设置"链接，如下左图所示。
Step 04 在"字体设置"窗口下，可根据实际需要勾选这两个复选框，建议都勾选，如下右图所示。

4.2.2 添加和删除字体

系统自带的字体，有些是可以删除的，因为不常用又占用空间；用户也可以根据需要自己安装新字体。下面分别为大家介绍操作方法。

光盘同步文件

同步视频文件：光盘\同步教学文件\第4章\4.2.2.mp4

Step 01 ❶右键单击字体文件；❷从弹出的快捷菜单中选择"安装"命令，如下左图所示。
Step 02 系统弹出安装进程对话框，稍等片刻即可完成安装，如下右图所示。

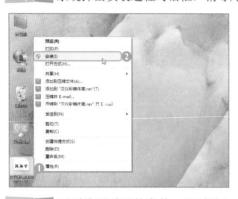

Step 03 要删除不需要的字体，只需进入"控制面板"的"外观和个性化"界面，然后在"字体"栏中单击第一项链接，如下左图所示。
Step 04 ❶打开"字体"窗口后，右击菜单字体名称；❷从弹出的快捷菜单中选择"删除"命令即可，如下右图所示。

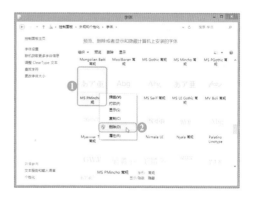

4.2.3 设置窗口字体大小

如果使用大屏幕的触屏一体机但屏幕显示的文字过小，老年人操作和使用起来都不是很方便，就可以通过如下方法来将窗口字体调整大一点。

光盘同步文件

同步视频文件：光盘\同步教学文件\第4章\4.2.3.mp4

Step 01 在"字体"窗口左方，单击"更改字体大小"链接，如下左图所示。

Step 02 打开"显示"窗口，调整显示比例为中等或较大即可，如下右图所示。

4.2.4 调整ClearType文本

为了增强LCD屏的显示效果，微软公司为其Windows操作系统添加了一种名为ClearType的技术，可让屏幕上字体的显示更加清晰和细腻。如果你觉得当前屏幕显示不是很理想，可以重新启用ClearType文本调整功能来将其调整到最优，具体操作方法如下。

 光盘同步文件

同步视频文件：光盘\同步教学文件\第4章\4.2.4.mp4

Step 01 在"显示"窗口左上方，单击"调整ClearType文本"链接，如下左图所示。

Step 02 ❶进入向导对话框后，勾选"启用ClearType"复选框；❷单击"下一步"按钮，如下右图所示。

 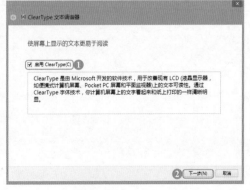

Step **03** ❶在接下来的5个步骤向导中，用户选择看得最清楚的一个文本内容后；❷单击"下一步"按钮，如下左图所示。

Step **04** 5个向导步骤结束后，会有一个完成调试的对话框，表示已经完成了ClearType文本的优化调整，单击"完成"按钮即可，如下右图所示。

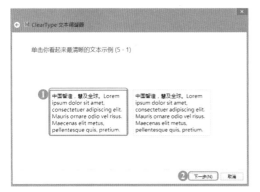

 高手指点——关于ClearType文本的知识

　　ClearType不是专门的字体，而是一种显示技术，称为"超清晰显示技术"。它是专门为液晶显示器而设的，可以大大增强所有文字的显示清晰度（包括中文），这种改善在如Tablet PC和便携式电脑的彩色液晶显示器或液晶显示屏上非常明显。

4.3 使用Windows 8的其他个性功能

　　Windows 8操作系统的个性功能无处不在，用户可以充分调动这些功能来为自己的应用服务。在本节中，将会重点介绍适用于平板电脑的屏幕键盘以及Windows 8很有特色的语音识别功能。

4.3.1 使用Windows 8屏幕键盘功能

　　对于触屏用户或是觉得键盘输入不方便的用户而言，Windows 8操作系统下的屏幕键盘就非常实用。使用快捷键Windows+U打开"轻松使用设置中心"窗口，再单击"启动屏幕键盘"选项，系统即会弹出"屏幕键盘"窗口（见下页图），用户可以在文本框或输入界面中用鼠标单击或是触摸屏幕按键的方式来完成文本输入。如果要退出，只需要单击屏幕键盘右上方的"关闭"按钮即可。

另外，默认状态下的屏幕键盘是没有数字键区的，如果希望使用数字键区，可以在屏幕键盘上进行如下操作。

❶单击"选项"按钮；❷勾选"打开数字小键盘"复选框；❸单击"确定"按钮，确认退出后即会出现了，如下图所示。

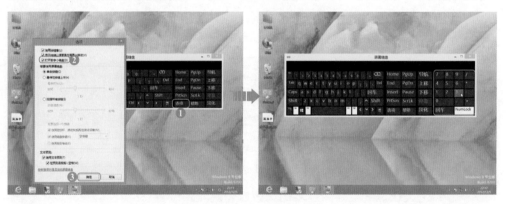

> ### 高手指点——屏幕键盘的其他开启方式
>
> 除了通过快捷键Windows+U打开"轻松使用设置中心"，再从中启动屏幕键盘的方法以外，还有其他方法可以启动屏幕键盘功能。比如，在Windows 8传统桌面上右键单击任务栏，然后从快捷菜单的"工具栏"子菜单中，也可以找到并启用屏幕键盘。

4.3.2　使用Windows 8语音识别功能

Windows 8操作系统在集成了上一版本语音识别的优势后，还优化了更为强大的功能。本小节将具体为大家介绍该功能的配置和使用。

1　调整麦克风设置

在使用该功能之前，需要先连接一个语音输入设备，比如麦克风。当然，还需要根据如下步骤进行一些必要的设置。

光盘同步文件

同步视频文件：光盘\同步教学文件\第4章\4.3.2.mp4

Step 01 在"控制面板"窗口下，单击"轻松使用"选项，如下左图所示。
Step 02 从"语音识别"分类下单击"启动语音识别"链接，如下右图所示。

提个醒——关于麦克风的设置

虽然上右图中有"设置麦克风"项，不过建议大家直接采用"启动语音识别"，以避免重复操作。

Step 03 进入识音识别向导对话框，单击"下一步"按钮，如下左图所示。
Step 04 ❶根据准备的麦克风类型，选择相应的选项；❷单击"下一步"按钮，如下右图所示。

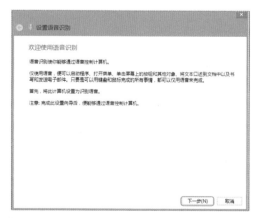 

Step 05 提示放置好麦克风的位置后，单击"下一步"按钮，如下页左图所示。
Step 06 根据屏幕提示，大声朗读文本内容，完成语音识别的匹配，单击"下一步"按钮，如下页右图所示。

Step 07 提示"现在已设置好你的麦克风"后，单击"下一步"按钮，如下左图所示。

Step 08 ❶选择"启用文档审阅"单选按钮；❷单击"下一步"按钮，如下右图所示。

 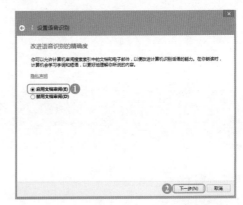

Step 09 ❶选择"使用手动激活模式"单选按钮；❷单击"下一步"按钮，如下左图所示。

Step 10 提示可以查看一下语音输入参考表后，单击"下一步"按钮，如下右图所示。

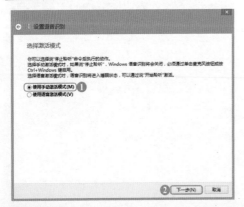 

Step 11 根据需要确定是否要启动时运行语音识别，单击"下一步"按钮，如下页左图所示。

Step 12 提示语音识别的配置过程已全部完成，如果是初次使用，可以参考一下教程演示，如下页右图所示。

2 认识"语音识别"面板

经过上述配置后,在Windows 8桌面上方即会出现"语音识别"面板。最前方的"话筒"按钮为语音识别开关,默认状态为"关闭",当用户按下该按钮后即显示为"聆听",此时即可用麦克风来向Windows 8传达各种命令了,比如输入文本、打开各个功能面板等。

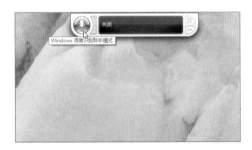

3 使用语音识别功能

当功能面板显示"聆听"模式时,即可以开始语音输入和语音控制了,比如打开文本输入界面后,直接朗读需要输入的文字,Windows 8即会自动识别并显示;直接朗读需要打开的功能窗口或按钮名称,系统也会自动帮我们完成。

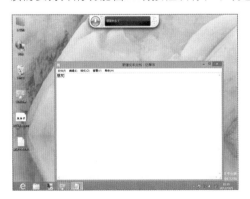

4.4 动动手——取消任务栏程序合并

Windows 8的任务栏和之前Windows 7操作系统的一样，正在运行的程序都会有缩略显示的预览标签，并且类型相同的程序会合并在一起，以此来节省任务栏的占用空间。如果用户不习惯这样合并的形式，也可以将它们拆分开来，设置成Windows XP的显示模式。

 光盘同步文件

同步视频文件：光盘\同步教学文件\第4章\4.4.mp4

要取消Windows 8操作系统的任务栏程序合并功能，可按如下步骤进行。

Step 01 操作前，先移动鼠标指针到任务栏上，可发现此时任务栏状态为合并显示方式，如下左图所示。

Step 02 ❶右键单击任务栏；❷从弹出的快捷菜单中选择"属性"命令，如下右图所示。

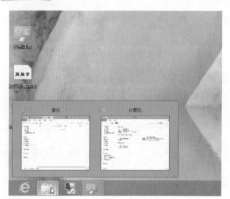
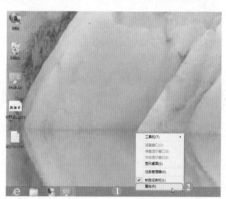

Step 03 ❶在"任务栏按钮"下拉列表中选择"从不合并"项；❷单击"确定"按钮退出，如下左图所示。

Step 04 返回Windows 8传统桌面后，再次移动鼠标指针至任务栏上，即可发现原来合并显示的所有窗口都以Windows XP样式显示，如下右图所示。

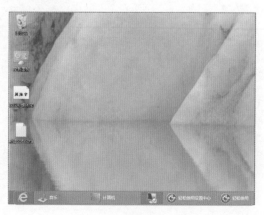

第5章
管理系统文件和
文件夹

本 章 导 读	文件管理是操作系统中一个基本但又十分重要的组成部分，因为大多数据都是以文件形式存放的。基于Windows 7操作系统在文件管理方面的一些不足，为了提供一个更方便用户的文件管理体验，微软公司在Windows 8操作系统中对相关功能及界面都进行了一些调整和改进。本章会向大家介绍这些知识和相关操作。

本章学完后 您会的技能	● 全面认识Windows 8文件资源管理器 ● 掌握Windows 8文件资源管理器的功能改进 ● 学会让文件资源管理器显示完整路径的方法 ● 学会把文件夹固定到Metro界面的方法 ● 掌握使用系统自带工具压缩文件的方法 ● 掌握设置文件只读属性的方法 ● 学会使用多种视图浏览文件的方法

本章实例 展示效果	

5.1 调出和认识Windows 8文件资源管理器

资源管理器是用户查看、管理文件的基本工具，也是Windows桌面用户体验的基础平台。在Windows 8操作系统中，原来的"Windows资源管理器"已改称为"文件资源管理器（File Explorer）"。那么这个"改弦易帜"的文件资源管理器相比之前的Windows资源管理器都有哪些改进呢？本节将对这些改进等内容进行介绍。

5.1.1 调出Windows 8文件资源管理器

相比之前系统中的Windows资源管理器来说，Windows 8操作系统的文件资源管理器功能方面已经有了长足的改进。用户要调出该工具窗口，有3种方法可以实现：第一种方法是在任务栏左下方有一个文件夹样式的图标，单击即可打开；第二种方法是通过快捷键Windows+E也可调出；第三种方法是先按快捷键Windows+X，然后从弹出的快捷菜单中选择"文件资源管理器"命令即可。

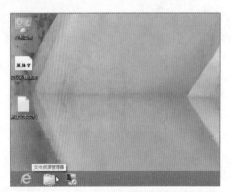 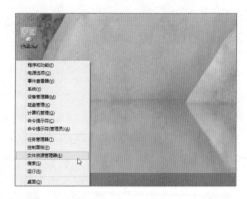

5.1.2 认识Windows 8文件资源管理器

默认情况下，Windows 8操作系统的文件资源管理器界面看起来似乎和Windows 7的差别不大，但是当用户单击窗口右上方的"向下"箭头后，就会发现多了一块类似Office 2010的区域，这块区域就是文件资源管理器的功能区，也就是Windows 8操作系统新加入的Ribbon界面。

使用过Office 2010的用户对该界面都不会陌生，Windows 8文件资源管理器的"主页"（Home）功能区中提供了核心的文件管理功能，包括复制、粘贴、删除、恢复、剪切、属性等，几乎囊括了84%的用户执行次数最多的命令。随着窗口内容的变化，该功能区中的功能按钮也会自动匹配更新。

　　Windows 8文件资源管理的功能区取代的是之前包括下拉菜单在内的传统功能区域，将最常用的命名按照操作情景分组，并放置在用户最容易看到、单击到的地方，可以极大地方便用户的操作。

　　例如，在之前要想查看隐藏的文件，需要先在"工具"下拉菜单里找到"文件夹选项"，然后切换到"查看"选项卡，从下面找到"显示所有文件和文件夹"单选按钮，再单击"确定"按钮，十分烦琐。而在新版中，不管功能区有没有展开，都可以直接单击切换到"查看"选项卡，然后选中"隐藏的项目"复选框。一些常用的磁盘管理功能也被集成到这个全新的功能区中，比如磁盘清理、格式化等。

5.2 学习和使用Windows 8文件资源管理器

使用Windows就少不了利用资源管理器来进行各种文件的管理操作，比如复制、移动、改名、删除等。虽然这些操作都很简单，但对于使用Windows操作系统的用户来说，却是经常要做的事情。也正是基于此，Windows 8对文件的管理功能进行了大幅度的改善。

5.2.1 重新恢复的"向上"按钮

在Windows 7操作系统下，很多用户都发现在Windows XP时代经常使用的"向上"按钮不见了，这或许是微软认为增强功能的地址栏已经足够强大。但是，又因为有太多用户反馈这一问题（因为"向上"按钮确实很方便），所以在Windows 8操作系统的文件管理窗口里，又把这个"向上"按钮重新放到了工具栏上，这可以说是Windows 8操作系统的一大人性化之处。

5.2.2 看得见的可视热键

使用键盘上快捷键操作的高效率，相信用过的（如Ctrl+C快捷键）用户都应该深有体会，但有太多不同的快捷键时，对于初学用户来说，并不能轻松记住。因此新版资源管理器增加了快捷键提示，只需按Alt键就会出现浮动提示。在Windows 8操作系统下，除了文件资源管理器以外，很多其他程序也都拥有"可视热键"的特性，比如Office 2010、Windows Live等。

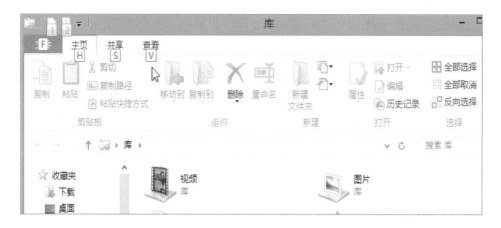

5.2.3 自动调整图片方向

Windows 8的文件资源管理器现在支持JPEG图像的EXIF方向信息。也就是说，如果在相机中正确地设置了该值，则在文件资源管理器中将无须修正方向；这对于用手机拍摄的照片也是特别有用的。下左图为Windows 7的显示效果，下右图则是Windows 8自动修正方向后的效果。

5.2.4 改进后的文件冲突界面

Windows 8在复制或移动文件并遇到文件名冲突时，提供了一种不同于之前系统的全新体验——除了"替换目标中的文件"和"跳过这些文件"选项外，还新增加了一个简单冲突解决的小功能。也就是说，用户只需在冲突提示框中单击"让我决定每个文件"选项，然后在冲突解决对话框中，勾选想保留的那一个文件即可，具有很大的自主性。

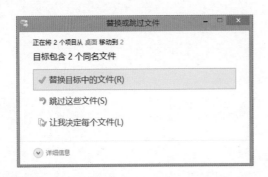

高手指点——简单冲突解决对话框的大作用

上右图即是文件冲突解决对话框。在这个对话框中来自源文件夹的所有文件都位于左侧，目标文件夹中存在文件名冲突的所有文件都位于右侧，且所有冲突文件的关键信息（文件大小、修改日期属性）会被重点标注出来（较新和较大的元数据值在界面中呈粗体显示），帮助用户快速、高效地识别绝大多数重复文件。

5.2.5 复制和移动文件的人性化改进

在过去版本的Windows中，会弹出一个单独的进度对话框，询问是否复制或移动文件，有时可能会出现几十个不同的文件副本对话框显示在屏幕上。Windows 8将这些文件整合到一个对话框中，从而更便于全方位查看和控制被复制或移动的单个文件。

用户可以在文件移动或复制的过程中中断、暂停和恢复被复制或移动的文件，查看源或目标文件夹的操作。当用户单击"详细信息"按钮后，还将打开一个实时进度显示的窗口，可以一目了然地显示每项复制作业中的数据传输速率、传输速度趋势以及要传输的剩余数据量。

提个醒——Windows 8中断处理界面改进

在Windows 8复制过程中，如果遇到文件无法找到、文件正在使用等中断问题，系统会在完成所能完成的全部工作后按顺序显示这些中断问题。另外，如果期间系统进入了睡眠或休眠状态后导致复制过程自动暂停，当计算机被重新唤醒后，复制过程不会像之前那样自动恢复复制操作，而是依旧处于暂停状态（等待用户手动确认是继续复制还是取消）。

5.3 配置和管理Windows 8文件

在充分考虑了兼容性、安全性及执行性能的基础上，Windows 8操作系统在文件管理方面所表现出来的潜力，也是非常强大的。比如"库"概念的进一步强化、可小范围的人性定制文件管理窗口属性等。下面就来看看，Windows 8操作系统下与应用需求相关的一些文件管理操作。

5.3.1 让文件资源管理器显示完整路径

Windows 8文件资源管理器的标题栏默认只显示当前所在文件夹的路径，如果用户希望能在此显示完整的文件路径，可按如下方法操作。

 光盘同步文件
同步视频文件：光盘\同步教学文件\第5章\5.3.1.mp4

Step 01 打开文件资源管理器，查看一下默认的窗口标题栏，可以看到当前状态为只显示所在文件夹的名称，如下左图所示。

Step 02 ❶单击"查看"标签；❷在选项卡中的最右侧单击"选项"按钮，如下右图所示。

 提个醒——显示完整路径的意义

让文件资源管理器显示完整路径更有利于用户平常的文件查找，比如想要上传到某些文件里，通过标题栏的完整路径显示就能更迅速地找到。

Step 03 ❶在"文件夹选项"对话框中单击"查看"标签；❷勾选"在标题栏中显示完整路径"复选框；❸单击"确定"按钮，如下左图所示。

Step 04 返回Windows 8文件资源管理器窗口，在上方标题栏中会发现，此时已显示为完整路径的样式了，如下右图所示。

 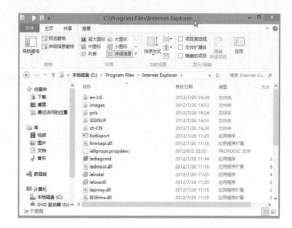

5.3.2 把文件夹固定到Metro界面

为了方便日常的操作，用户还可以将一些存储着常用文件的文件夹以图标形式添加到Metro界面的这个"开始"屏幕上，这样以后再使用就可以更快速地单击启动。下面来看看实现方法。

 光盘同步文件
同步视频文件：光盘\同步教学文件\第5章\5.3.2.mp4

Step 01 ❶选中要操作的文件夹；❷单击"主页"选项卡下"新建文件夹"右侧的·按钮；❸选择"固定到'开始'屏幕"命令，如下左图所示。

Step 02 按键盘上的Windows键切换至Metro界面，即可看到刚才操作后添加进来的文件夹图标了，如下右图所示。

5.3.3 使用文件夹或库中的搜索框查找文件

Windows的搜索功能大家都用过，有时候实在想不起某个文件放哪儿了，就可以交给搜索功能来帮忙。只不过，基本上用户对搜索功能的利用也就停留在使用"开始"菜单下的那个"搜索"命令上（Windows 7操作系统）。而在Windows 8中，不仅是在Metro界面下有全面革新的搜索功能，而且在文件资源管理器中也有非常好用的搜索功能。下面就一起来看看。

光盘同步文件

同步视频文件：光盘\同步教学文件\第5章\5.3.3.mp4

Step 01 ❶单击"查看"标签；❷在选项卡的最右侧单击"选项"按钮，如下左图所示。
Step 02 ❶在"文件夹选项"对话框中单击"搜索"标签；❷根据搜索需要，勾选配置复选框，比如"包括压缩文件"；❸单击"确定"按钮，如下右图所示。

Step 03 返回文件资源管理器窗口后，在右上方有一个搜索输入框，输入字母或汉字，系统都会实时地给予搜索显示，如下左图所示。
Step 04 对于搜索结果的显示，用户可以通过"修改日期"下拉列表来定义要搜索的时间段，以缩小搜索范围，如下右图所示。

 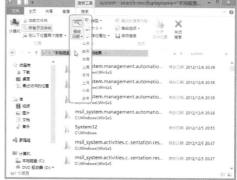

Step **05** 对于一些搜索操作，如果希望日后再次使用，可以通过"保存搜索"方式来保存，如下左图所示。

Step **06** 设置保存名称和保存类型，通常建议保持默认状态，单击"保存"按钮即可，如下右图所示。

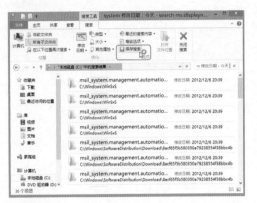

Step **07** 再次返回搜索窗口后，当下一次要再使用保存的搜索条件，只需要在"最近的搜索内容"下拉列表中单击即可，如下左图所示。

Step **08** 用完搜索功能，由于下方搜索结果区一直保留有搜索信息，所以如果要进行其他文件操作，就单击"关闭搜索"按钮来结束，如下右图所示。

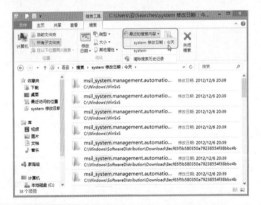

5.3.4 修改文件删除方式

在Windows 8操作系统中删除文件或文件夹时，默认是没有确认提示的，会直接删除。如果用户希望出现如之前Windows 7操作系统一样的删除提示框，可按如下步骤来设置。

 光盘同步文件
同步视频文件：光盘\同步教学文件\第5章\5.3.4.mp4

Step **01** ①在任意文件资源管理器窗口下，在"主页"标签下单击"删除"下拉按钮；

❷从弹出的下拉列表中选择"显示回收确认"项，如下左图所示。

Step 02 经过前一步骤的配置后，当再次删除文件时，即会出现删除确认提示对话框，这样就能最大程度地减少误删操作了，如下右图所示。

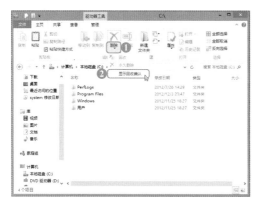

5.3.5 使用系统自带工具压缩文件

刚安装好的Windows 8操作系统还未来得及安装其他应用工具，但又需要压缩或解压缩文件时，一些用户就不知道怎么办了。其实，Windows 8和之前的Windows操作系统一样，均自带一款比较简单的文件压缩工具。下面就来看看相关的一些使用操作。

光盘同步文件
同步视频文件：光盘\同步教学文件\第5章\5.3.5.mp4

Step 01 ❶当需要压缩文件或文件夹时，右键单击目标对象；❷从弹出的快捷菜单中依次选择"发送到→压缩（zipped）文件夹"命令，随后即会生成一个压缩文件，如下左图所示。

Step 02 ❶当需要解压缩文件或文件夹时，右键单击该压缩文件；❷从弹出的快捷菜单中选择"全部提取"命令，系统即会帮用户完成解压操作，操作如下右图所示。

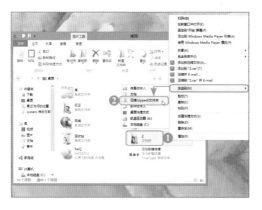

5.3.6 隐藏文件或文件夹

在Windows 8操作系统中要隐藏文件或文件夹时，只需要选中文件或文件夹，然后在"查看"选项卡下单击右方的"隐藏所选项目"按钮即可；而如果要显示隐藏的内容，只要勾选旁边的"隐藏的项目"复选框即可，如下图所示。

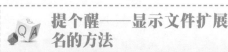

提个醒——显示文件扩展名的方法

Windows 8默认情况下对文件后缀名是保持隐藏状态的，这对于习惯了Windows 7资源管理器的用户来说，可能在需要更改文件的后缀名时，一时很难找到设置选项。

修改方法很简单，在如左图所示的状态下，在"查看"选项卡下勾选"文件扩展名"复选框即可。

5.3.7 设置文件只读属性

打开某个文档，也修改了该文档的内容，要保存时却发现无法存盘，反而弹出"另存为"对话框。这是因为打开的文档是处于"只读"状态下，无法被修改。如果用户存储着一些重要的文件，不希望因操作疏忽而被更改，就可利用如下方法来设置文件只读属性。

 光盘同步文件

同步视频文件：光盘\同步教学文件\第5章\5.3.7.mp4

Step 01 ❶右键单击待修改文件；❷从弹出的快捷菜单中选择"属性"命令，如下左图所示。

Step 02 ❶在"常规"选项卡下，勾选"只读"复选框；❷单击"高级"按钮，如下右图所示。

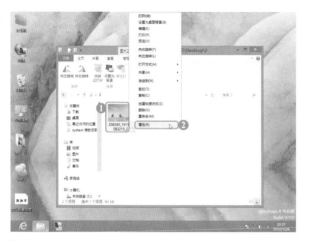

Step 03 ❶在"高级属性"对话框下，用户可单击勾选"压缩内容以便节省磁盘空间"复选框，达到更佳的管理效果；❷单击"确定"按钮，如下左图所示。

Step 04 经过前一步骤的配置后，该文件即具备了只读属性，且文件名已变为蓝色。以后再对该文件进行修改时，即会有相应的提示，如下右图所示。

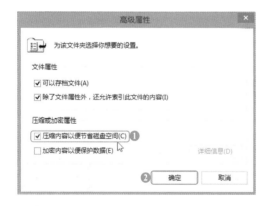

提个醒——文件压缩属性的变更问题

需要注意的是，当用户对文件进行操作（如复制、移动）时，文件的一些属性（如压缩属性）会发生变化。比如，当文件被从NTFS分区复制或移动到FAT分区，文件的压缩属性将丢失，目的文件将不被压缩；而当文件被从FAT分区复制或移动到NTFS分区时，目的文件将继承目的文件夹的压缩属性。

5.3.8 新建文件和文件夹的方法

在Windows 8操作系统下新建文件和文件夹的方法，与在Windows 7操作系统下是基本一致的。在桌面或任何一个文件浏览窗口里，都可通过快捷菜单中的"新建"命令来完成。同时，在Windows 8文件资源管理器的Ribbon界面中，也提供了新建文件和文件夹的命令按钮，操作起来很方便。

5.3.9 使用多种视图浏览文件

Windows 8操作系统提供了多种视图浏览方式，可以方便用户浏览不同类型的文件。比如在浏览"图片"文件夹时，通过单击"查看"选项卡下的"详细信息窗格"按钮，就可以更清楚地查看到该图片文件的分辨率、大小和创建日期等；而如果单击"预览窗格"按钮，则会以更大的预览窗口来方便用户浏览图片。

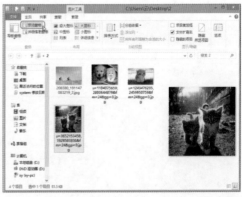

另外，通过"布局"组内6个视图布局模式的切换，用户也可以在文件夹里自由地根据浏览需要，对所有文件进行重新布局。比如"超大图标"更利于看图；"详细信息"更利于了解文件存储的一些基本情况等。

5.3.10 使用复选框方式选择文件

对于不太习惯使用鼠标拖选的用户来说，使用复选框方式选择文件会有很大的帮助作用。同时，触屏用户使用复选框方式来选择文件，会更利于手指的操作，具体实现方法如下。

光盘同步文件

同步视频文件：光盘\同步教学文件\第5章\5.3.10.mp4

Step 01 ❶进入文件资源管理窗口，切换至"查看"选项卡；❷在Ribbon界面右方单击"选项"按钮，如下左图所示。

Step 02 ❶在"查看"选项卡下，勾选"使用复选框以选择项"复选框；❷单击"确定"按钮，如下右图所示。

Step 03 返回文件资源管理器后，即可通过鼠标的方式一个个单击文件右上方的复选框来选中，如下页左图所示。

Step 04 当然，用户仍然可以通过传统的鼠标拖动的方法，一次性选中需要的所有文件，操作如下页右图所示。

 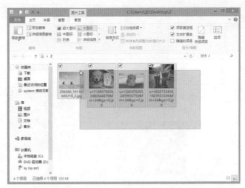

5.4 动动手——调整回收站容量

有时候用户可能会删除了一些有用的东西，而且恰好由于回收站大小的限制，使得删除的文件并没有经过回收站而直接被永久删除。但是，如果碰到删除的文件大于回收站最大文件限制，那么删除该文件时有提示，这样也就可以避免一些误删操作。那么，该如何避免这类误删操作的发生呢？答案就是修改回收站大小。

> **光盘同步文件**
> 同步视频文件：光盘\同步教学文件\第5章\5.4.mp4

每个盘符都有一个回收站，不同盘符间的回收站大小不互相影响。用户可根据需要对删除的文件所在的盘符进行回收站大小限制，以达到正确的设置效果，具体方法如下。

Step 01 ❶右键单击桌面"回收站"图标；❷从弹出的快捷菜单中选择"属性"命令，如右侧左图所示。

Step 02 ❶在"常规"选项卡下，选中要修改的磁盘分区；❷在"最大值"框中输入一个较小的值；❸单击"确定"按钮完成，如右侧右图所示。

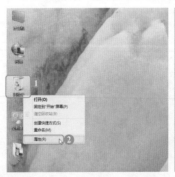 

如上述步骤所示，在"最大值"处输入想设置的值后，当删除的文件大小不超过用户设置的最大值时，删除的文件将会放到回收站，就不会因为文件超过限制而被永久删除。另外，Windows 8中默认关闭了删除确认对话框，用户也可以在"回收站 属性"对话框下，通过勾选"显示删除确认对话框"复选框来开启，以便在删除文件时给出删除提示。

第6章

管理Windows 8
软硬件工作环境

本 章 导 读	操作系统是软件的基础平台。在平常的应用过程中，除了系统自带的工具软件外，用户还应知道如何在Windows 8中安装和使用第三方软件。另外，对硬件驱动程序的安装、对存储磁盘的一些管理操作等都需要用户有一定的认识，这样才能更好地运用Windows 8为自己服务。本章就将介绍有关Windows 8操作系统软硬件工作环境的一些管理操作。
本章学完后 您会的技能	● 掌握安装工具软件的方法 ● 学会解决程序兼容性问题 ● 掌握卸载应用程序的方法 ● 掌握设置默认程序的方法 ● 学会调用Windows 8设备管理器和任务管理器 ● 掌握查看计算机基本信息的方法
本章实例 展示效果	

6.1 下载和安装第三方应用工具

Windows 8自带的"应用商店"功能将在随后章节中再详细介绍，这里先介绍普通的下载和安装第三方应用工具的方法，即通过软件官网或软件下载网站来下载。

6.1.1 第三方应用工具的获取和下载

操作系统需要安装各式各样的应用工具，才能满足日常所需。比如网络聊天、网页浏览、文档编辑、影音播放、图片浏览编辑等，虽然这些应用通过操作系统自带工具也能完成一些，不过大多数用户还是习惯使用功能更加强大的第三方工具。下面以"美图看看"这款图片浏览工具为例来看看相关的获取和下载操作。

光盘同步文件
同步视频文件：光盘\同步教学文件\第6章\6.1.1.mp4

Step 01 ❶打开Windows 8操作系统IE 10浏览器，输入软件官网网址；❷在主页面里找到并单击"立即免费下载"按钮，如下左图所示。

Step 02 ❶浏览器底部出现下载提示对话框，单击"保存"按钮右方的下三角按钮；❷从下拉菜单中选择"另存为"命令，如下右图所示。

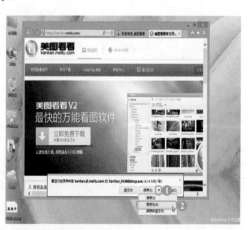

Step 03 ❶打开"另存为"对话框，选定安装文件的保存路径；❷单击"保存"按钮，如下页左图所示。

Step 04 完成下载后，浏览器底部会有相应的提示，至此即完成工具软件的下载操作，如下页右图所示。

6.1.2 安装应用工具到Windows 8操作系统

软件下载完成后，即可到下载保存路径中双击软件的安装程序来完成安装。绝大部分的软件在安装环节上的步骤都大致类似，下面仍以上一小节下载得到的"美图看看"工具为例来看看如何实现具体的安装。

　光盘同步文件
同步视频文件：光盘\同步教学文件\第6章\6.1.2.mp4

Step 01 找到并双击安装程序，启动软件安装步骤，如下左图所示。
Step 02 进入安装向导窗口，单击"立即安装"按钮，如下右图所示。

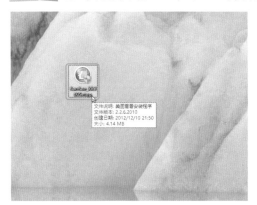 

Step 03 ❶选择一种安装方式，以"自定义安装"为例；❷单击"下一步"按钮，如下页左图所示。
Step 04 ❶单击"浏览"按钮，选择要将软件安装到的路径；❷单击"安装"按钮，如下页右图所示。

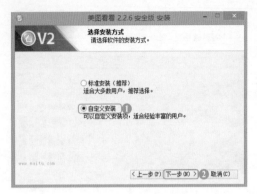 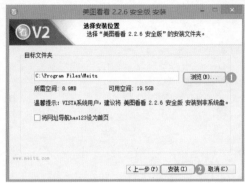

 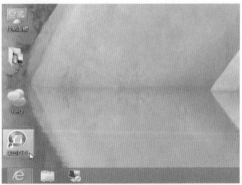

提个醒——软件安装过程中的注意事项

通常建议将软件安装在非系统区，这样可保证系统区有一个相对宽裕的空间容量；另外，在安装软件时要注意，有些软件会附带安装一些插件功能或合作软件，用户要仔细甄选。

Step 05 稍等即可完成软件的安装，单击"完成"按钮退出，如下左图所示。

Step 06 返回Windows 8传统桌面，即可看到软件已默认添加了启动图标在桌面上，如下右图所示。

6.1.3 快速解决程序兼容性问题

微软在更新每个操作系统版本的时候，都尽量保持与先前的兼容性。但是也有一些例外，最典型的表现就是一些应用程序在Windows 8操作系统下安装好后，软件运行图标右下角会有一个盾牌标识；双击启动软件会先提示是否释放对该程序的控制权，如下页图所示。

要快速解决这种程序兼容性问题，可按如下步骤进行。

光盘同步文件

同步视频文件：光盘\同步教学文件\第6章\6.1.3.mp4

Step 01 ❶右键单击程序图标；❷选择"以管理员身份运行"命令，可临时解决问题，如下左图所示。

Step 02 从快捷菜单里选择"属性"命令，可配置更详细的解决方案，如下右图所示。

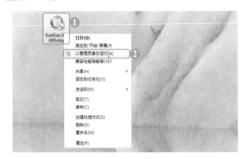

Step 03 ❶在属性对话框中单击"兼容性"标签；❷勾选"以兼容模式运行这个程序"复选框；❸从下拉列表中选择Windows XP运行方式，如下左图所示。

Step 04 ❶在下方"权限等级"处勾选"以管理员身份运行此程序"复选框；❷单击"确定"按钮退出即可，操作如下右图所示。

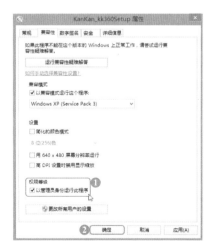

高手指点——认识程序兼容性问题

　　一般情况下，用户的Windows 8操作系统运行平稳，但在安装或使用某个程序时遇见了兼容性问题，这样的情况通常都不用责怪Windows 8，多数情况下是由该程序自身造成的。最常见的是安装问题和软硬件冲突的问题，针对这一现象，Windows 8为用户提供了多种解决方案。

6.1.4 使用程序兼容性疑难解答向导

　　微软表示，之前为Windows 7编写的大多数程序也可以在Windows 8上运行，但某些旧版本的程序可能无法正常运行或根本无法运行。如果旧版本的程序无法正常运行，就可按如下步骤使用程序兼容性疑难解答来模拟Windows早期版本的行为。

 光盘同步文件
同步视频文件：光盘\同步教学文件\第6章\6.1.4.mp4

Step 01 ❶右键单击程序图标；❷选择"兼容性疑难解答"命令，如下左图所示。
Step 02 随后启动程序兼容性疑难解答向导，等待系统的自动检测完成，如下右图所示。

Step 03 单击"尝试建议的设置"项进入，如下左图所示。
Step 04 ❶向导会提示单击"测试程序"按钮来判定是否完成问题的解决；❷随后单击"下一步"按钮，如下右图所示。

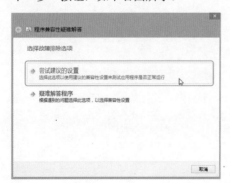

Step **05** 向导询问是否已排除故障，如未解决可单击"否，使用其他设置再试一次"选项，如下左图所示。

Step **06** ❶勾选相应复选框提交遇到的问题；❷单击"下一步"按钮，如下右图所示。

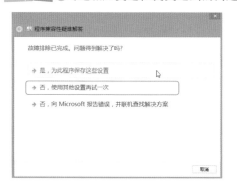

Step **07** ❶选择该应用程序之前可正常运行的Windows版本；❷单击"下一步"按钮，如下左图所示。

Step **08** ❶随后向导会再次弹出测试对话框，提示用户单击"测试程序"按钮，检验是否已解决问题；❷单击"下一步"按钮退出即可，如下右图所示。

6.1.5 快速切换应用程序窗口

在Windows 8操作系统下，切换应用程序窗口的方法和Windows 7操作系统下的一样，可通过在任务栏上单击切换，也可以通过快捷键Alt+Tab来切换，如下图所示。

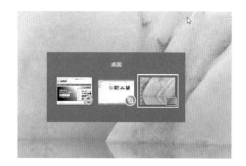

6.1.6　查看和卸载不需要的应用程序

如果想集中查看一下安装在Windows 8操作系统中的各类应用程序，或是某些不需要和不常用的程序想将其删除，都可按如下步骤来操作。

　光盘同步文件

同步视频文件：光盘\同步教学文件\第6章\6.1.6.mp4

Step 01 按快捷键Windows+X后，从弹出的快捷菜单中选择"控制面板"命令，如下左图所示。

Step 02 单击"程序"分类下的"卸载程序"链接，如下右图所示。

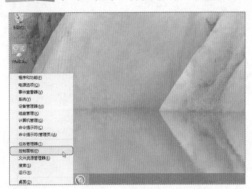 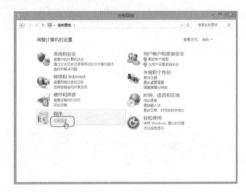

Step 03 ❶查看并选中要操作的程序项；❷单击"卸载/更改"按钮，如下左图所示。

Step 04 从弹出的对话框中单击"是"按钮，即可删除应用程序，如下右图所示。

6.2　管理Windows 8应用程序

Windows 8中应用程序的健康运行，是和其正确的配置管理分不开的。比如要打开某类文件用什么应用工具、哪些应用工具是系统默认启动项等，有了这些符合自身需要的配置，Windows 8的使用才会更顺手。本节重点介绍对Windows 8操作系统下应用程序的一些管理操作。

6.2.1 打开或关闭Windows 8功能程序

Windows 8内置的一些功能程序项，默认情况下可能未被开启。如果想使用，就需要用户手动开启。下面以Windows 8新增加的"网络投影"功能为例来看看如何将其开启。

 光盘同步文件
同步视频文件：光盘\同步教学文件\第6章\6.2.1.mp4

Step 01 打开"控制面板"窗口后，单击"程序"分类链接，如下左图所示。
Step 02 在"程序和功能"分类下单击"启用和关闭Windows功能"链接，如下右图所示。

Step 03 ❶在"Windows功能"窗口下勾选"网络投影"复选框；❷单击"确定"按钮，如下左图所示。
Step 04 系统开始搜索需要的文件，并自动执行安装，如下右图所示。

 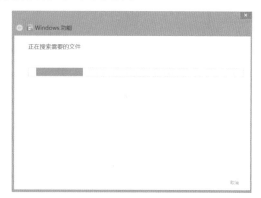

Step 05 系统提示正在完成功能的安装，等待安装更改完成，如下页左图所示。
Step 06 当出现"Windows已完成请求的更改"提示时，表示功能开启完成，如下页右图所示。

 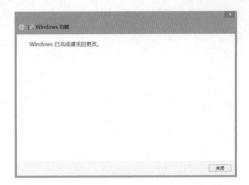

高手指点——认识Windows 8网络投影

作为微软为移动互联网时代而开发的操作系统，Windows 8的移动性以及与移动设备直接通信更加方便，"网络投影"功能即是一例。利用它，可以让安装了Windows 8的PC和平板电脑，在投影扩展显示方面有更好的性能表现。

6.2.2 设置默认程序

现在很多厂商都推出了功能类似的应用软件，比如常用的音频、视频播放软件，就有很多产品可供选择与使用。但是一些第三方软件安装后会修改部分Windows默认的使用程序，很多时候用户都不是很注意这些，从而导致最后Windows默认使用程序也被修改。

被修改后导致的问题：有可能在使用时造成一些影响，比如默认打开的不是自己需要的工具等。而要重新设置Windows 8默认程序，就需要按如下步骤进行。

 光盘同步文件
同步视频文件：光盘\同步教学文件\第6章\6.2.2.mp4

Step 01 打开"控制面板"窗口，在"默认程序"分类下单击"设置默认程序"链接，如下左图所示。

Step 02 ①在窗口左方选择程序名；②右方单击"将此程序设置为默认值"项，如下右图所示。

Step **03** 随后再单击"选择此程序的默认值"项，如下左图所示。

Step **04** ❶勾选希望用该程序打开的文件类型；❷单击"保存"按钮即可，如下右图所示。

6.2.3 设置Windows 8文件关联

Windows 8中默认打开JPG、BMP等格式文件的应用程序是"照片"工具，但用户也可以通过如下方法，将默认打开JPG等图片的应用程序关联为自己安装的第三方工具（以关联"美图看看"为例）。

光盘同步文件

同步视频文件：光盘\同步教学文件\第6章\6.2.3.mp4

Step **01** 打开"控制面板"窗口，单击"默认程序"分类名，如下左图所示。

Step **02** 在"默认程序"窗口下，单击"将文件类型或协议与程序关联"链接，如下右图所示。

Step **03** 系统提示正在将文件类型或协议与特定程序关联，如下页左图所示。

Step **04** ❶选择文件类型；❷单击右上方的"更改程序"按钮，如下页右图所示。

Step 05 弹出一个选择对话框，单击其中希望使用的应用程序，如下左图所示。

Step 06 返回"设置关联"窗口，即可看到"当前默认程序"名称已经更改完成，如下右图所示。

高手指点——理解文件关联的含义

文件关联就是将一种类型的文件与一个可以打开它的程序建立起一种依存关系。举个例子来说，JPG图片文件在Windows 8的默认关联程序是"照片"工具，如果将其默认关联改为用"美图看看"程序来打开，那么"美图看看"就成了它的默认关联程序。一个文件可以与多个应用程序发生关联，用户也可以利用文件的"打开方式"进行关联选择。

6.2.4 更改Windows 8操作系统默认输入法

默认状态下，Windows 8自带的输入法状态或许并不适合用户的使用需求。那么，通过如下的操作步骤，即可实现对默认输入法的设置更改。

光盘同步文件

同步视频文件：光盘\同步教学文件\第6章\6.2.4.mp4

Step 01 ❶右键单击状态栏右下方的输入法图标；❷从快捷菜单中选择"输入选项"命令，如下左图所示。

Step 02 在"常规"选项卡下，可以对输入法切换的按键等配置进行个性设置，如下右图所示。

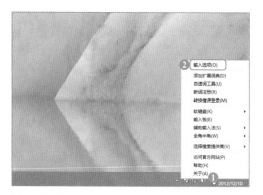

Step 03 在"高级"选项卡下，可以针对输入时一些辅助键的设置做修改，如下左图所示。

Step 04 在"外观设置"选项卡下，可以对输入法状态栏的外观等进行调整，如下右图所示。

6.3 调整Windows 8硬件运行环境

　　操作系统也是电脑硬件的运行环境，所以在Windows 8这套最新的系统下，用户的电脑硬件是否能以最好的"状态"工作，将关系到实际使用的体验是否好。本节会介绍一些在Windows 8操作系统下对硬件运行环境的调配操作。

6.3.1 调用Windows 8设备管理器

Windows操作系统的设备管理器是一种管理工具，可用它来管理计算机上的设备。同时，还可以使用"设备管理器"查看和更改设备属性、更新设备驱动程序、配置设备和卸载设备。在Windows 8操作系统中，调用设备管理器可以使用快捷键Windows+X，在弹出的菜单中选择"设备管理器"命令。

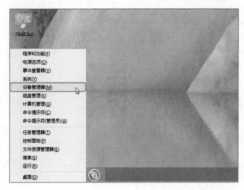

在Windows操作系统中，设备管理器是管理计算机硬件设备的工具，用户可以借助设备管理器查看计算机中所安装的硬件设备、设置设备属性、安装或更新驱动程序、停用或卸载设备，可以说功能非常强大。

如果看到某个设备前显示了黄色的问号或感叹号，前者表示该硬件未能被操作系统所识别；后者表示该硬件未安装驱动程序或驱动程序安装不正确。解决的办法就是❶可以右键单击该硬件设备，❷选择"更新驱动程序软件"命令或是"卸载"命令，通过在线更新或是本地加载驱动的方法来重新安装驱动；然后再重新启动系统，一般就可解决问题了。

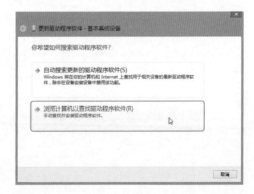

6.3.2 调整默认电源方案

Windows 8操作系统下附带的电源方案，可以更好地帮助移动PC实现节能优化。系统内置了"平衡"、"节能"以及"高性能"3种电源计划，如果希望做出调整，可按如下方法进行。

Step 01 按快捷键Windows+X，从快捷菜单中选择"电源选项"命令，如下左图所示。

Step 02 打开"电源选项"窗口，可以根据自己的实际使用情况，重新选择一种电源方案，如下右图所示。

Step 03 在其中还可单击"选择电源按钮的功能"链接，配置移动PC电源按钮的用途，如下左图所示。

Step 04 在打开的界面中进行设置，比如按电源按钮时的作用、关机菜单上的选项定制等，如下右图所示。

6.3.3 创建新的电源方案

除了选择Windows 8操作系统内置的几种电源方案外，用户也可以根据使用实际，自行来创建新的电源方案，具体操作方法如下。

Step 01 在"电源选项"窗口左上方，单击"创建电源计划"链接，如下页左图所示。

Step 02 ❶选择一种电源模式；❷输入计划名称；❸单击"下一步"按钮，如下右图所示。

Step 03 ❶提示更改一下关闭显示器的时间；❷完成后单击"创建"按钮，如下左图所示。
Step 04 返回"电源选项"窗口，即可看到默认已选中刚创建好的电源方案，如下右图所示。

6.3.4 更改自动播放设置

Windows 8操作系统默认情况下，会对电脑媒体设备实施监测，当有介质放入时即会激发一些默认的动作，"自动播放"就是其中一种。如果希望对这些默认动作进行调整，可在"默认程序"窗口下单击"更改'自动播放'设置"链接；然后针对可移动驱动器、内存卡或是DVD等硬件设备分别进行调整设置。

 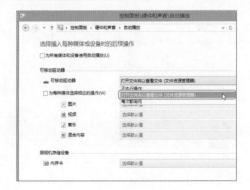

6.3.5 调用Windows 8任务管理器的方法

作为Windows操作系统中最常用的应用程序之一，任务管理器源远流长，早在Windows 3.0中就以"任务列表"的形式出现过，只是用来关闭应用程序以及在多个应用之间进行切换；随着Windows的发展，任务管理器的功能也越来越丰富。在Windows 8中，任务管理器变得更加易用，用户体验更好。

在Windows 8中要调用任务管理器，除了可以使用和Windows 7相同的快捷键方式外（同时按Ctrl+Alt+Delete快捷键，在弹出的界面里即有"任务管理器"一项），还可以按快捷键Windows+X，然后在弹出的快捷菜单中选择"任务管理器"命令，后一种方法也是Windows 8操作系统中启动常用系统功能的常规方法。

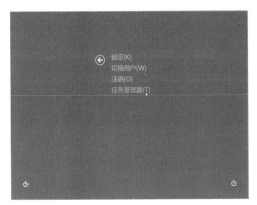 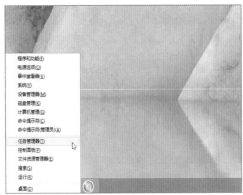

6.3.6 认识Windows 8全新的任务管理器

只要是Windows用户没有不遇到程序卡死的情况，也正因为如此，任务管理器才得到很大的普及，几乎人人都知道按Ctrl+Alt+Delete快捷键来调出任务管理器结束卡死的应用程序或进程。Windows 8操作系统下的任务管理器，除了那些用户早已习以为常的功用外，在界面设计、功能应用方面也带给大家不少新的使用体验。

1 了解Windows 8任务管理器的两种界面

在Windows 8中，任务管理器界面被划分为精简、完全两个版本。启动管理器后，首先会打开精简版，在这个版本中没有繁杂的功能标签，只有任务中止、程序定位、属性查询等一些最基本功能。虽然看上去简单，但能够应对大多数日常应用。

如果感觉精简版不够用，也可单击左下方的"详细信息"按钮，切换到功能更强的完全版界面下。在这里即可看到熟悉的进程管理器、性能监测器、用户管理器，以及一些新增加的功能区域。

2 读懂全新的热图示警

Windows 8任务管理器采用的是一种热图式管理，除了能为用户提供各组件的具体读数外，最大看点是加入了智能预警机制。举例来说，当有一个程序出现异常，并导致系统出现某种过载时，任务管理器便会通过橙色或红色系（色系随过载程度增加）来向用户示警。

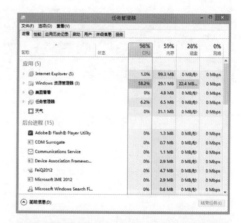

除了体现在进程栏中，热图技术同样应用于性能图表。就拿大家都很熟悉的Windows 7操作系统来说，当CPU逻辑核心（即所谓"多核"）超过一定数量时，传统的图表显示就很难监控到每一个内核的资源消耗。而新版任务管理器的"文字+颜色"，却能很轻易地解决这一问题。

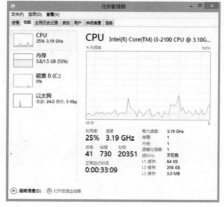

提个醒——热图示警的变化

当过载特别严重时，提醒色会瞬间变为大红色，使得用户能够迅速发现问题所在。当然，在此过程中，用户仍然可以借助标题栏对负载进程执行排序。

由于人眼对颜色的敏感度远高于数值，这种由计算机事先处理过的信息（颜色）便能保证用户更快地发现高负载核心。

6.4 动动手——查看计算机基本信息

如何以最简便的方式查看当前计算机硬件配置信息呢？其实，Windows 8操作系统就自带有一套这样的硬件检测功能，下面就为大家介绍其使用方法。

 光盘同步文件

同步视频文件：光盘\同步教学文件\第6章\6.4.mp4

在Windows 8操作系统传统桌面下，❶右键单击"计算机"图标，❷从弹出的快捷菜单中选择"属性"命令后，即可查看到当前Windows 8操作系统版本、处理器类型、内存大小等信息。有了这些信息，也就基本了解当前计算机的一些基本软硬件参数了。

第7章
保障用户账户和
系统安全

本章导读	在前面章节已经提到，Windows 8操作系统一大特色更新就是其用户账户系统。在新的系统环境下，用户将可以使用"Microsoft账户"来同步本地数据，实现系统配置的云同步。当然，除此之外，Windows 8的账户系统还有许多值得研究的地方。本章会带来有关账户创建、账户安全以及系统常规安全配置等方面的知识。
本章学完后您会的技能	● 掌握创建新"Microsoft账户"的方法 ● 掌握创建图片密码的方法 ● 学会注销、锁定用户账户 ● 掌握Windows 8 "家长控制" 功能的作用 ● 掌握启用和配置Windows 8防火墙的方法 ● 学会使用Windows Defender ● 学会下载、安装并使用第三方安全防范工具
本章实例展示效果	 

7.1 创建和管理用户账户

Windows 8操作系统安装时会默认创建一个登录账户，在随后的使用过程中，用户还可以根据实际需要，再行创建其他的登录账户，并实现多账户管理。

7.1.1 创建新的Microsoft账户

在Windows 8操作系统下，可以很方便地通过Metro界面下的Charms Bar浮动界面来完成新的"Microsoft账户"的创建，具体实现步骤如下。

 光盘同步文件

同步视频文件：光盘\同步教学文件\第7章\7.1.1.mp4

Step 01 鼠标指针移动到Metro界面右上方，打开Charms Bar浮动界面，单击"设置"按钮，如下左图所示。

Step 02 在随后出现的浮动界面中，单击右下方"更改电脑设置"项，如下右图所示。

Step 03 ❶打开"电脑设置"界面，单击切换至"用户"分类；❷单击右下方的"添加用户"按钮，如下左图所示。

Step 04 进入添加用户向导界面，如果已有Microsoft账户就直接输入；否则单击左下方的"注册新电子邮件地址"链接重新注册一个新账户，如下右图所示。

Step 05 等待账户系统连接网络，转入账户注册步骤，如下左图所示。

Step 06 ❶逐个输入账户注册的相关信息；❷单击"下一步"按钮，如下右图所示。

Step 07 ❶按提示输入电话号码以便找回账户密码，并按提示完成其他项输入；❷单击"下一步"按钮，如下左图所示。

Step 08 ❶继续要求输入生日、验证码等信息，该步骤可按实际需求决定设置内容；❷单击"下一步"按钮，如下右图所示。

Step 09 提示完成新账户创建，会显示账户名及注册的邮箱地址，单击"完成"按钮，退出当前界面，如下左图所示。

Step 10 返回"电脑设置"界面下，在"用户"分类下"其他用户"一栏中，即可看到刚注册成功的新的Microsoft账户了，如下右图所示。

提个醒——Microsoft账户当前的主要功能

Microsoft账户包括3项主要功能：账户和付款、预订以及交易。比如拥有该账户后，用户即可以在一个位置查看自己预订的所有Microsoft服务，也可以查看自己的购买历史记录和最近的交易状态。

7.1.2 更改账户类型

Windows账户因为权限的不同，所以其用途类型也不同。Windows 8操作系统为方便用户操作，也提供了对账户类型的修改功能，比如要修改上一小节的账户类型，可按如下步骤进行。

 光盘同步文件

同步视频文件：光盘\同步教学文件\第7章\7.1.2.mp4

Step 01 桌面状态下按快捷键Windows+X，从快捷菜单中选择"控制面板"命令，如下左图所示。

Step 02 在随后出现的"控制面板"窗口中，单击"更改账户类型"链接，如下右图所示。

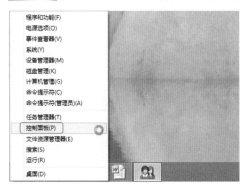 

Step 03 打开"管理账户"窗口，在其中找到并单击新创建的账户名，如下左图所示。

Step 04 打开"更改账户"窗口，在左上方单击"更改账户类型"链接，如下右图所示。

 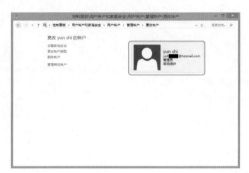  

高手指点——Windows 8默认创建的都是标准账户类型

当用户使用标准账户登录时，几乎可以执行管理员账户所能执行的任何操作。但当标准账户要执行的操作会影响其他使用此电脑的用户时，系统就会要求用户输入管理员账户的密码。Windows 8也正是通过这样简单的限制来确保用户账户设置的最基本安全性的。

Step 05 ❶单击"管理员"单选按钮；❷单击"更改账户类型"按钮，如下左图所示。

Step 06 返回"更改账户"窗口，即可看到在账户名下方标注的修改后的类型了，如下右图所示。

7.1.3 授权Microsoft账户

初次安装Windows 8并登录后，如果又在其他电脑以相同Microsoft账户登录，就需要进行Microsoft账户的信任授权（否则将无法进行相关设置的异地同步），按如下步骤操作即可完成该项设置。

光盘同步文件

同步视频文件：光盘\同步教学文件\第7章\7.1.3.mp4

Step 01 打开"电脑设置"界面，在"用户"分类右侧单击"信任此电脑"链接，如下左图所示。

Step 02 ❶随后输入Microsoft登录账户密码；❷单击"登录"按钮，如下右图所示。

Step 03 ❶转入Microsoft账户管理界面，选择信息确认方式；❷单击"下一步"按钮，如下左图所示。

Step 04 按提示完成信息确认操作后，在返回的结果页面中单击相应的确认按钮即可，如下右图所示。

Step 05 提示Microsoft账户的安全信息已经确认成功，单击"确定"按钮，如下左图所示。

Step 06 在随后出现的信息界面中，即可看到相应的账户信息显示，如下右图所示。

7.1.4 更改账户登录密码

如果用户是以Microsoft账户登录Windows 8操作系统，那么在控制面板的用户账户管理窗口中是找不到修改登录密码选项的。要实现密码修改，最简单的方法如下。

 光盘同步文件

同步视频文件：光盘\同步教学文件\第7章\7.1.4.mp4

Step 01 在"电脑设置"界面的"用户"分类下，单击"更改密码"按钮，如下页左图所示。

Step 02 ❶随后提示输入旧密码和新密码；❷单击"下一步"按钮，即可完成修改，如下页右图所示。

Windows 8系统操作与应用一本通

7.1.5 创建图片密码

图片密码是Windows 8新增的一种登录方式，操作快捷、流畅，而且支持用户自定义。由于这种登录方式主要由图片和手势两部分构成，所以会极大地方便触摸屏用户。下面来看看是如何创建的。

> **光盘同步文件**
> 同步视频文件：光盘\同步教学文件\第7章\7.1.5.mp4

Step 01 在"电脑设置"界面的"用户"分类下，单击"创建图片密码"按钮，如下左图所示。

Step 02 ❶随后提示输入原账户登录密码；❷单击"确定"按钮，如下右图所示。

Step 03 进入图片密码创建窗口，阅读基本信息后单击"选择图片"按钮，如下页左图所示。

Step 04 系统将打开默认的看图工具，从"文件"下拉列表中选择"计算机"命令，如下页右图所示。

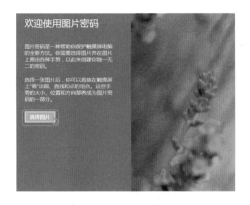

高手指点——选择图片的注意事项

图片密码更适合于触摸屏幕用户使用，而且需要通过手指滑动来解锁，所以用户在选择图片时，最好选择那些有一定轨迹可寻的构图，以方便后期解锁时能有更准确的指向。

Step 05 进入计算机磁盘目录，定位到图片文件夹，如下左图所示。
Step 06 ①右键单击选中要使用的图片；②单击"打开"按钮，如下右图所示。

Step 07 提示是否确认使用当前图片，单击"使用这张图片"按钮，如下左图所示。
Step 08 提示设置3个解锁手势，均为手指在屏幕上的滑动轨迹，如下右图所示。

Step 09 设置好后，系统会再次提示确认3种手势，类似再次输入密码确认操作，如下左图所示。

Step 10 提示图片密码已经创建成功，单击"完成"按钮退出，如下右图所示。

Step 11 返回"电脑设置"界面，在原来"创建图片密码"按钮的位置上即可看到创建后的状态，如下图所示。

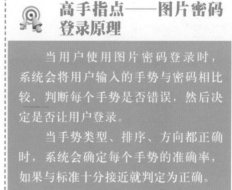

高手指点——图片密码登录原理

当用户使用图片密码登录时，系统会将用户输入的手势与密码相比较，判断每个手势是否错误，然后决定是否让用户登录。

当手势类型、排序、方向都正确时，系统会确定每个手势的准确率，如果与标准十分接近就判定为正确。

7.1.6 更改Microsoft账户名称

Microsoft账户及账户名称是用户通过在线方式注册填写的，因此在Windows 8操作系统中并不提供修改选项。要修改该名称，需要在线登录Microsoft账户主页来完成，具体操作步骤如下。

 光盘同步文件

同步视频文件：光盘\同步教学文件\第7章\7.1.6.mp4

Step 01 在"电脑设置"界面的"用户"分类下，单击"更多在线账户设置"链接，如下页左图所示。

Step 02 ❶在随后出现的登录窗口中，输入登录密码；❷单击"登录"按钮，如下右图所示。

Step 03 进入Microsoft账户管理页面，在"概述"分类下，单击"编辑名称"链接，如下左图所示。

Step 04 ❶在随后出现的"个人资料"页面中，输入修改后的姓氏和名字；❷单击"保存"按钮，如下右图所示。

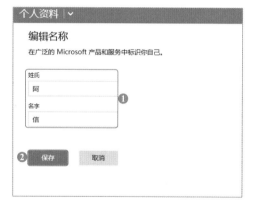

7.1.7 更改账户头像

在Windows 8传统界面的配置选项中，"用户账户"窗口中并未提供关于账户头像的修改功能。如果希望修改该内容，需要进入Metro界面，通过"更多电脑设置"来进行设置。当然，实际的修改操作也是非常简单的。下面来看看相关操作步骤。

光盘同步文件
同步视频文件：光盘\同步教学文件\第7章\7.1.7.mp4

Step 01 进入"电脑设置"操作界面后，单击左方的"个性化设置"分类，如下页左图所示。

Step 02 ❶单击"用户头像"标签；❷单击"浏览"按钮，如下右图所示。

Step 03 进入系统看图界面，通过"文件"下拉菜单定位到相应的图片目录，如下左图所示。

Step 04 ❶右键单击选中需要的头像图片；❷单击"选择图像"按钮，如下右图所示。

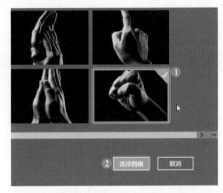

Step 05 返回"用户头像"界面，即可看到原来默认的头像图片已修改。另外，还可以通过外接摄像头后单击"摄像头"选项来自拍头像，如下左图所示。

Step 06 返回Metro界面中，在右上方账户头像显示区域，即可看到修改完成后的账户头像效果，如下右图所示。

7.1.8 启用Guest账户

Guest账户（即所谓的来宾账户）允许访问计算机，但受到限制。如果当前需要开启该账户，以方便其他用户的临时访问，即可按如下步骤来启用。

光盘同步文件

同步视频文件：光盘\同步教学文件\第7章\7.1.8.mp4

Step 01 打开"用户账户"管理窗口，单击"管理其他账户"链接，如下左图所示。

Step 02 选择要更改的Guest账户名，如下右图所示。

Step 03 在"你想启用来宾账户吗？"操作窗口中，单击"启用"按钮，如下左图所示。

Step 04 返回账户管理窗口后，即可看到Guest已启用的状态显示，如下右图所示。

7.2 配置Windows 8操作系统账户高级属性

全新的Microsoft账户是体验微软各项服务的通行证，除了掌握基本的一些账户管理操作外，用户还应掌握与之相关的一些高级属性配置方法。

7.2.1 设置Windows 8自动登录

当Windows 8安装完毕后每次开机或者重启系统时，都会要求输入登录账户和密码才能进入系统。如果不习惯这样的流程，可按如下方法来取消Windows 8开机输入登录账户和密码的环节。

光盘同步文件
同步视频文件：光盘\同步教学文件\第7章\7.2.1.mp4

Step 01 桌面状态下按快捷键Windows+X，从快捷菜单中选择"运行"命令，如下左图所示。
Step 02 ❶在输入框中输入"netplwiz"命令行；❷单击"确定"按钮，如下右图所示。

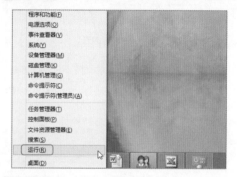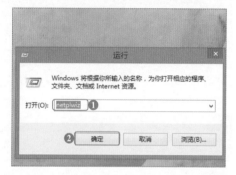

Step 03 ❶选中要配置的登录账号；❷取消对"要使用本计算机……"复选框的勾选；❸单击"确定"按钮，如下左图所示。
Step 04 ❶提示输入账户登录密码；❷单击"确定"按钮，确认修改，如下右图所示。

7.2.2 使用"计算机管理"功能创建账户

对于系统账户的创建，除了在控制面板的"用户账户"窗口中进行外，其实通过

"计算机管理"窗口也能实现。下面来看看使用"计算机管理"功能创建账户的步骤。

光盘同步文件

同步视频文件：光盘\同步教学文件\第7章\7.2.2.mp4

Step 01 ❶右键单击桌面上的"计算机"图标；❷从快捷菜单中选择"管理"命令，如下左图所示。

Step 02 ❶右键单击"用户"项；❷从快捷菜单中选择"新用户"命令，如下右图所示。

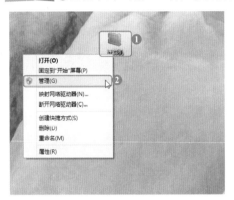

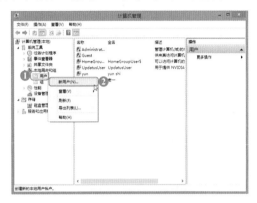

Step 03 ❶提示输入新账户的名称及密码等参数；❷单击"创建"按钮完成，如下左图所示。

Step 04 返回"计算机管理"窗口，在"用户"分类下，即可看到新创建的账户名，如下右图所示。

7.2.3 注销与切换用户账户

在Windows 8操作系统中，注销当前账户、切换到另一用户账户的方法，与在Windows 7操作系统中的操作类似。比如，可以通过按Ctrl+Alt+Delete快捷键，在出现的界面中找到相应的注销选项；另外，❶单击Metro界面右上角的账户图标，❷也能在其中找到"注销"选项，如下图所示。

提个醒——关于Windows 8账户的切换

如果已在Windows 8操作系统中添加了多个账户，在Metro界面右上角账户图标的下拉菜单中，直接单击其他账户名就能实现快速切换。

7.2.4 锁定用户账户

锁定用户账户，其实也可以理解为对当前屏幕界面的锁定，属于一种安全防范类操作。当用户临时要离开电脑一会儿，即可用锁定账户的操作来屏蔽当前屏幕，以防被其他人看到，具体锁定操作如下。

光盘同步文件

同步视频文件：光盘\同步教学文件\第7章\7.2.4.mp4

Step 01 按快捷键Ctrl+Alt+Delete，在屏幕锁定界面中单击"锁定"项，如下左图所示。

Step 02 随后进入Windows 8登录时的欢迎界面，移动鼠标指针即会提示输入密码才能返回，如下右图所示。

7.3 打开和使用"家长控制"功能

自Windows Vista操作系统以来，微软在其操作系统中增加了"家长控制"功能，为的就是能给广大家长提供一套省心的操作系统。如今在Windows 8操作系统中，家长使用一个微软账号登录后，可为每个小孩创建一个单独的用户账号；输入账号即可进入"家庭安全"界面。在这里，家长可以自行选择如何限制孩子使用电脑和通过每周的电子邮件报告查看孩子的电脑使用情况。

7.3.1 认识Windows 8"家长控制"功能

家庭中有孩子使用电脑往往是一个非常令人头疼的问题：既不能完全不允许孩子使用电脑，又难以对孩子使用电脑的行为做到较好的控制和监督。当然也有很多第三方软件可以监控孩子们的网络行为，但现在Windows 8中的"家长控制"功能将使得这些问题迎刃而解——它不仅可以帮助家长限制孩子使用计算机的时间，还可以限制他们使用的程序和游戏，监督他们所浏览的内容，远离不良信息。

 高手指点——Windows 8"家长控制"功能的作用

> 通过Windows 8操作系统下的这个功能，家长就可以控制孩子对电脑的使用情况，比如使用电脑的时间、使用电脑能玩什么样的游戏、能运行哪些应用程序、哪些程序不能运行等，都可以进行个性化设置，以保障孩子安全、合理地使用电脑。

要使用"家长控制"功能，首先管理员账户当然必须要创建账户及设置密码，否则任何用户都可以跳过和关闭"家长控制"功能；其次是要为孩子专门创建一个用户账户。完成创建后，单击要设置"家长控制"的用户账户，进入相应的控制界面后，即可开展具体的设置工作。

7.3.2 创建受管理的用户账户

前面提到，要使用Windows 8的"家长控制"功能，需要先为孩子专门创建一个登录账户，再对这个账户实施各种控制管理。下面来看看如何创建这个管理用的用户账户。

 光盘同步文件
同步视频文件：光盘\同步教学文件\第7章\7.3.2.mp4

Step **01** 按快捷键Windows+X，从快捷菜单中单击"控制面板"命令，如下页左图所示。
Step **02** 在随后出现的"控制面板"窗口中，单击"用户账户和家庭安全"链接，如下页右图所示。

Step **03** 在接下来的窗口中，单击"为用户设置家庭安全"链接，如下左图所示。

Step **04** 在"家庭安全"窗口中，单击"创建一个新用户"链接，单独创建受管理账户，如下右图所示。

高手指点——控制账户的选择

　　Windows 8操作系统的"家庭安全"控制功能，仅能对标准用户类型的账户实现管理，因此如果当前系统下没有此类型账户，就要单独创建；另外，添加新的用户账户时，注意应添加本地账户，不用单独创建Microsoft账户。

Step **05** 进入"添加用户"界面，单击左下方的"不使用Microsoft账户登录"，如下左图所示。

Step **06** 在随后出现的界面中，单击右下方的"本地账户"按钮，如下右图所示。

Step 07 填写相关信息完成注册后，❶勾选完成界面的复选框；❷单击"完成"按钮，如下左图所示。

Step 08 返回"家庭安全"窗口，即可看到新添加的本地受管理账户，如下右图所示。

7.3.3 熟悉Windows 8家庭安全管理界面

在控制面板的"家庭安全"窗口中单击需要设置的用户账户，即可进入Windows 8家庭安全的"用户设置"界面。这里有网站筛选、时间限制、Windows应用商店和游戏限制、应用限制等四大类功能，每一类功能下还有更加详细的子类选项，分别单击，就可以对儿童用户账户的权限进行设置，还可以查看当前管理账户使用电脑的记录报告。

 高手指点——功能设置项的用途

"网站筛选"可以控制当前用户账户可以联机访问的网站；"时间限制"可以限制当前用户账户的使用时间；"Windows应用商店和游戏限制"可以设置当前用户账户使用应用商店和允许游戏的级别；"应用限制"可以对允许运行的程序进行限制。

7.3.4 限制登录账户网络访问权限

在"网站筛选"设置界面下，家长可以从多个网站限制级别中选择最适合当前用户账户的级别，并且可以勾选是否阻止下载文件来实现比较全面的网络访问限制。下面来看看具体实现过程。

 光盘同步文件

同步视频文件：光盘\同步教学文件\第7章\7.3.4.mp4

Step 01 单击受管理账户进入"用户设置"窗口后，单击下方的"网站筛选"链接，如下左图所示。

Step 02 ❶单击"×××只能访问我允许的网站"一项；❷单击"设置网站筛选级别"链接，如下右图所示。

Step 03 ❶单击"适合孩子"一项；❷勾选"阻止下载文件"复选框，如下左图所示。

Step 04 ❶单击左侧的"允许或阻止网站"选项；❷输入网址；❸单击"阻止"按钮，如下右图所示。

Step 05 按同样的方法，再输入其他网址，分别给予允许或阻止的权限，如下页左图所示。

Step 06 添加完成后，在下方"允许的网站"和"阻止的网站"列表框下进一步确认设置，如下页右图所示。

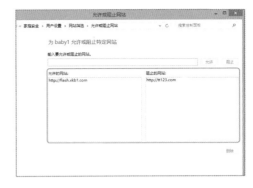

7.3.5 设置其他使用权限

除了网站访问的控制管理外，还可以对孩子使用电脑的时间进行控制。比如，在"时间限制"的"开放时段"中可以设置儿童账户使用电脑的总时长；而在"时间限制"的"限用时段"中则可以设置儿童账户使用电脑的具体时段，其中蓝色表示阻止，白色表示允许。

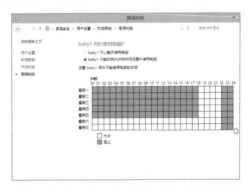

在Windows 8的"应用限制"界面中，可以控制当前儿童用户账户对应用程序的使用权限。管理界面中会列出当前系统中的程序和应用，在选择"×××只能使用我允许的应用"单选按钮后，可以在"选择可以使用的应用"下方的列表框中勾选允许的程序和应用。设置完毕之后，返回到Windows 8家庭安全的"用户设置"界面，即可看到当前所有的已配置好的控制属性。

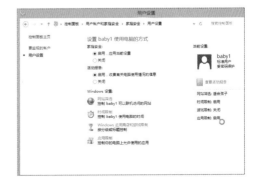

7.4 配置和使用Windows 8自带安全组件

Windows 8操作系统比以前版本的Windows操作系统有更好的安全性能。除了拥有强大的病毒防御功能外，Windows 8还提供了对账户安全、自动更新、网络安全和公共网络隐私等全方位的安全保障。本节即要带大家来认识和使用这些系统带有的安全功能。

7.4.1 配置Windows Update自动更新

当用户打开自动更新之后，不必联机搜索更新或担心错过重要的修复程序，Windows 8会利用用户确定的计划自动下载并安装。如果希望自己下载并安装更新，还可以设置"自动更新"通知，借此只要有任何可用的高优先级更新时就会通知用户。下面就来看看相关的操作步骤。

 光盘同步文件

同步视频文件：光盘\同步教学文件\第7章\7.4.1.mp4

Step 01 在"控制面板"窗口下，单击"系统和安全"链接，如下左图所示。

Step 02 单击"Windows更新"分类下的"启用或关闭自动更新"链接，如下右图所示。

Step 03 ❶在"重要更新"分类下选择一种更新方式；❷单击"确定"按钮返回，如下左图所示。

Step 04 开启"自动更新"功能后，系统同时提供历史记录以供查验，如下右图所示。

7.4.2 启用和配置Windows 8防火墙

Windows 8防火墙功能相比之前版本要强大不少，但其基本配置过程又和老版本Windows操作系统相差无几。下面就来看看在Windows 8操作系统中如何启用和配置防火墙功能。

光盘同步文件
同步视频文件：光盘\同步教学文件\第7章\7.4.2.mp4

Step 01 在"控制面板"的"系统和安全"窗口下，单击"Windows防火墙"链接，如下左图所示。

Step 02 单击窗口左侧的"启用或关闭Windows防火墙"链接，如下右图所示。

Step 03 分别选择"专用网络设置"和"公用网络设置"下的"启用Windows防火墙"，如下左图所示。

Step 04 返回"Windows防火墙"窗口后，单击左上方的"允许应用……"链接，如下右图所示。

Step 05 ❶勾选程序名可添加到"允许的应用和功能"列表框；❷单击"确定"按钮，如下页左图所示。

Step **06** 选择要添加的应用，或单击"浏览"按钮，查找未列出的程序，如下右图所示。

Step **07** 在硬盘目录相应的程序安装文件夹下，❶选择可执行程序添加进来；❷单击"打开"按钮，如下左图所示。

Step **08** 返回"Windows防火墙"窗口，所有从硬盘导入的应用程序即已被列入允许范围，如下右图所示。

提个醒——Windows防火墙的使用建议

如果电脑中安装了较高的专业杀毒软件，系统自带的防火墙建议关闭，因为杀毒软件自带有防火墙功能，关闭系统防火墙可以节省一些系统资源，提升系统性能。

7.4.3 使用Windows Defender清理系统

微软在2009年面向正版用户发布的Microsoft Security Essentials (MSE) 软件，一直以操作简单、资源占用低、修复能力出众、兼容性良好、误报低、监控灵敏等优点而反响良好，并在各大测试中取得了不错的成绩。

在Windows 8中，这款杀毒软件被内置到了Windows操作系统中，用于在实时监控发现恶意软件并阻止恶意软件运行，在开机时预先加载并阻止恶意软件启动，发现并清理恶意软件。通过Metro界面下的搜索功能，用户即可很轻松地找到并启动该工具，如下图所示。

值得注意的是，在Windows 8中Windows Defender与MSE已进行了融合，加入了MSE的杀毒功能，成为微软历史上首次内置的杀毒软件。因此，除了可以防止恶意软件及木马程序对电脑的侵袭外，还可以主动检测并清除病毒程序。下面就来看看在Windows Defender中的病毒检测操作。

 光盘同步文件
同步视频文件：光盘\同步教学文件\第7章\7.4.3.mp4

Step 01 软件启动后会提示用户更新病毒库，单击"更新"按钮，如下左图所示。

Step 02 随后Windows Defender自动联网更新下载，等待完成更新，如下右图所示。

Step 03 更新完成后会出现相应的提示信息，显示当前病毒库版本已为最新，如下页左图所示。

Step 04 ❶单击切换到"主页"选项卡；❷单击"立即扫描"按钮，开始快速扫描系统，如下页右图所示。

Step 05 随后软件开始对Windows 8关键数据文件进行快速安全检测，如下左图所示。

Step 06 扫描结果会实时地返回，Windows Defender的安全防范功能也展现完成，如下右图所示。

提个醒——Windows Defender的运行条件

　　Windows Defender只会在电脑中没有其他杀毒软件时才启用，即如果系统检测到有杀毒软件，那么Windows Defender就不会激活。

7.4.4 恢复Windows 8操作系统到初始状态

　　Windows 8操作系统集成了系统恢复功能，可以让用户轻松地将系统恢复到初始状态，以此解决由于病毒等原因造成的系统问题。和以往系统版本不同的是，Windows 8将还原功能放在了"电脑设置"中。在"电脑设置"界面的"常规"选项卡中，"恢复电脑而不影响你的文件"及"删除所有内容并重新安装Windows"两大工具就是Windows 8操作系统用于系统还原的选项。

① 恢复电脑而不影响你的文件

单击"恢复电脑而不影响你的文件"下边的"开始"按钮，就开始Windows 8操作系统的恢复过程（开始恢复前用户需要准备好Windows 8的安装光盘）。整个恢复过程比较傻瓜化，即使是新手也能轻松完成。整个过程将花费10分钟左右的时间，并且将经过两次重新启动电脑的过程。

高手指点——"恢复电脑而不影响你的文件"功能解释

该功能就相当于重装系统功能，恢复后将导致用户配置被还原为默认值，而旧系统中安装的软件也会被清除，在Windows"应用商店"里安装的应用会被保留，但有个自动下载安装的过程。

② 删除所有内容并重新安装Windows

该功能是比较危险的，用户使用它后进行的是两部分的操作：将系统还原到刚安装时的状态；删除用户文件。也就是说，无论用户配置、用户数据文件、安装的文件等都将被清除，甚至于非系统盘的用户文件都可以将它们删除，相当于将电脑恢复到刚刚购买时的状态，所以要谨慎使用。

高手指点——"删除所有内容并重新安装Windows"更大的风险

使用该功能无须密码验证等操作,这里就产生了一定的风险问题。如果非本机用户获得了该电脑的管理员账户,那他就可以登录到Windows 8操作系统来执行此功能,并选择彻底删除所有文件,那么用户在该电脑里的数据文件都会不复存在。

7.5 使用第三方软件保障安全

对于Windows操作系统的安全问题,更多的时候,用户还是会安装第三方安全软件来保障系统更大的安全性能。对于Windows 8操作系统来说,也是如此。通常情况下,安装一款防病毒软件以及一款系统安全辅助工具即可。

7.5.1 安装系统防病毒软件

目前可供选择的防病毒软件比较多,大家可以根据以往的使用习惯,选择一款顺手的杀毒软件来安装。下面以"金山毒霸"为例来看看其在Windows 8操作系统下的基本安装和使用过程。

 光盘同步文件
同步视频文件:光盘\同步教学文件\第7章\7.5.1.mp4

Step **01** 登录金山毒霸首页,单击"免费下载"按钮,下载软件,如下左图所示。
Step **02** 下载完成后启动安装程序,安装软件到Windows 8操作系统中,如下右图所示。

Step **03** 新颖的软件安装方式,快速的安装过程,稍等即可安装完成,如下页左图所示。
Step **04** 在Windows 8传统桌面上,双击程序图标启动软件,如下页右图所示。

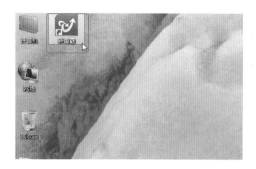

高手指点——了解金山毒霸

　　金山毒霸（Kingsoft Antivirus）是金山网络旗下研发的云安全智扫反病毒软件，融合了启发式搜索、代码分析、虚拟机查毒等经业界证明成熟可靠的反病毒技术，使其在查杀病毒种类、查杀病毒速度、未知病毒防治等多方面都表现出许多亮点。

Step 05 进入软件主界面后，首先单击"一键云查杀"按钮，对系统进行初始检测，如下左图所示。

Step 06 金山毒霸将对Windows 8操作系统进行一次快速的安全检测，如下右图所示。

Step 07 切换至"手机杀毒"选项卡，并将手机与电脑连接，即可实现相应的杀毒扫描，如下左图所示。

Step 08 在"铠甲防御"选项卡下，可以查看当前的防御监控记录，如下右图所示。

Step 09 在"网购保镖"选项卡下，可查看最近一段时间受软件保护的网购记录，如下左图所示。

Step 10 在"百宝箱"选项卡下，则可找到"电脑医生"等多类安全辅助工具，如下右图所示。

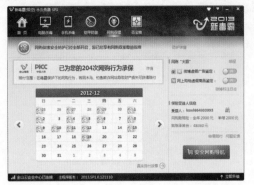 

7.5.2 安装系统安全辅助工具

这方面的软件同样有多种选择，比如金山卫士就是一款查杀木马能力强、检测漏洞快、体积小巧的免费安全辅助工具。它采用金山领先的云安全技术，不仅能查杀上亿已知木马，还能5分钟内发现新木马；更有实时保护、插件清理、修复IE等功能。该软件的下载、安装和基本使用方法如下。

> **光盘同步文件**
>
> 同步视频文件：光盘\同步教学文件\第7章\7.5.2.mp4

Step 01 在金山卫士首页，通过单击"免费下载"按钮，即可下载该软件，如下左图所示。

Step 02 下载完成后，启动安装程序进入安装界面，单击"立即安装"按钮，完成安装，如下右图所示。

Step 03 软件启动后，单击"立即体检"按钮，为Windows 8操作系统进行一次扫描，如下左图所示。

Step 04 随后软件会对系统环境进行全方位的安全评估，等待体检完成，如下右图所示。

Step 05 完成检测后软件会列出有异常的项目，并提示用户进行修复操作，如下左图所示。

Step 06 在"垃圾清理"选项卡下，可用软件对Windows 8操作系统垃圾文件进行清理，如下右图所示。

7.6 动动手——删除不常用的用户账户

当创建了多个用户账户后，系统不仅需要空间来存储这些账户的各项配置信息，同时对系统启动速度也会有一定影响。因此，对于那些不常用的、测试用的账户，可以在一段时间后将其删除清理。

光盘同步文件

同步视频文件：光盘\同步教学文件\第7章\7.6.mp4

要删除Windows 8操作系统中不常用的用户账户，同样需要在控制面板中进行，具体操作步骤如下。

Step 01 在"控制面板"的"用户账户和家庭安全"窗口下，单击"用户账户"链接，如下左图所示。

Step 02 在随后出现的窗口中，单击"管理其他账户"链接，如下右图所示。

Step 03 在"管理账户"窗口下，单击要删除的账户名，如下左图所示。

Step 04 在随后出现的"更改账户"窗口中，单击"删除账户"链接，如下右图所示。

Step 05 在是否保留账户文件窗口下，单击"删除文件"按钮，如下左图所示。

Step 06 在"确认删除"窗口中单击"删除账户"按钮，完成操作，如下右图所示。

第8章

配置Windows 8 网络环境

本 章 导 读	相比之前版本而言，Windows 8操作系统的网络功能有了进一步的增强，使用起来也相对清晰。但是由于做了很多表面优化的工作，使得底层的网络设置对于习惯使用Windows XP操作系统的用户来说变得很不适应。本章即会给大家带来有关Windows 8操作系统在局域网安装配置、网络共享设置等方面的操作内容。
本章学完后 您会的技能	● 掌握配置宽带路由器自动拨号的方法 ● 理解无线宽带路由器安全设置的重要性 ● 学会设置电脑的IP地址 ● 学会创建和使用"家庭组" ● 学会设置文件夹共享权限 ● 掌握访问局域网共享资源的方法 ● 掌握DLNA流媒体共享的配置和使用
本章实例 展示效果	 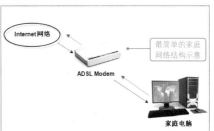

8.1 配置家庭局域网环境

一个家庭环境下拥有多台电脑已是很平常的事，因此配置家庭局域网并连接到Internet，就成为家庭用户使用电脑的前提之一。因此，如何在Windows 8操作系统下让电脑接入Internet并实现家庭环境下多台电脑的局域网共享，就是本节要介绍的内容。

8.1.1 打开"网络和共享中心"

"网络和共享中心"是Windows 8操作系统网络配置的中心，所有关于Internet、局域网、文件共享等相关的网络配置设置，都可以在这里找到。进入Windows 8"网络和共享中心"有两种方法，一种方法是右键单击Windows 8传统桌面右下方通知栏中的电脑样式图标，从快捷菜单中选择"打开网络和共享中心"命令，即可进入设置界面，如下图所示。

另一种常规的方法就是在Windows 8传统桌面下按Windows+X快捷键，选择"控制面板"命令后，在"网络和Internet"分类窗口下单击"网络和共享中心"链接，也可进入管理窗口。

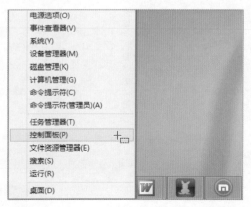

8.1.2 检查和开启Windows 8网络服务

要让Windows 8具备正常的各项网络连接功能，那么关乎网络访问的各项系统服务就必须要开启，可通过如下方法来检查和开启。

光盘同步文件
同步视频文件：光盘\同步教学文件\第8章\8.1.2.mp4

Step 01 ❶按快捷键Windows+R，打开"运行"对话框，输入services.msc命令行；❷单击"确定"按钮，如下左图所示。

Step 02 进入Windows 8操作系统的"服务"窗口后，在右方服务列表框中找到并双击Server服务名，如下右图所示。

Step 03 ❶在"启动类型"下拉列表中选择"自动"项；❷单击服务状态下的"启动"按钮，如下左图所示。

Step 04 系统会尝试并进行该项服务的开启，如下右图所示。

Step 05 完成服务开启后返回该服务管理对话框下，单击"确定"按钮，完成设置工作，如下页左图所示。

Step 06 返回Windows 8"服务"管理窗口后，在相对应的系统服务名右方，即可看到当前此服务的状态，如下右图所示。

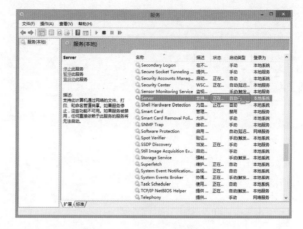

根据以上操作步骤，请确认如下各项系统服务均已设置为"自动"和"启动"：

```
Server
Workstation
Computer Browser
DHCP Client
Remote Procedure Call
Remote Procedure Call (RPC) Locator
DNS Client
Function Discovery Resource Publication
UPnP Device Host
SSDP Discovery
TCP/IP NetBIOS Helper
```

8.1.3 配置单机连接Internet

一台电脑要连接到Internet（互联网），根据目前家庭的宽带连接现状，一般都需要自行拨号接入。其简单的连接示意如右图所示。

因此，如果家里只有一台电脑时，通过如下方法即可轻松完成Internet的连接。

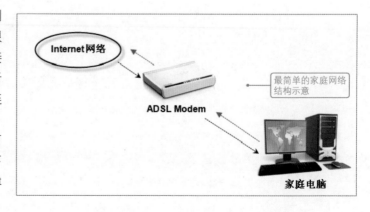

光盘同步文件

同步视频文件：光盘\同步教学文件\第8章\8.1.3.mp4

Step 01 在"网络和共享中心"窗口下，单击"设置新的连接或网络"链接，如下左图所示。

Step 02 ❶单击"连接到Internet"项；❷单击"下一步"按钮，如下右图所示。

Step 03 在"你希望如何连接"窗口下，单击"宽带（PPPoE）"项，如下左图所示。

Step 04 ❶输入宽带服务商提供的Internet接入用户名及密码；❷单击"连接"按钮，如下右图所示。

Step 05 提示连接已经可用，单击"立即连接"项，开始连接，如下左图所示。

Step 06 等待Windows 8拨号程序拨号连接，成功后在桌面右下角会有相应的连接提示，如下右图所示。

8.1.4 配置宽带路由器

不管是使用有线还是无线宽带路由器，家庭局域网下的Internet共享配置都大致相同。主要分为两个必要的配置步骤：配置宽带路由器自动拨号、配置是否采用局域网固定IP地址连接；如果使用的是无线宽带路由器，还会有一个SSID参数的配置过程。下面我们将针对上述3个配置点，分别进行详细的操作说明。

1 配置宽带路由器自动拨号

让宽带路由器能够"自己"拨号，也就是说只要该设备电源一打开，即自动拨号连接到Internet，并同时打开家庭局域网的共享功能。这样，家里所有电脑无须任何设置，开机即可连接到Internet实现网络访问。下面以TP-Link宽带路由器为例介绍自动拨号的配置方法。

 光盘同步文件
同步视频文件：光盘\同步教学文件\第8章\8.1.4（1）.mp4

Step 01 ❶在浏览器地址栏中输入设备默认IP地址；❷输入默认登录账户信息；❸单击"确定"按钮，登录宽带路由器管理界面，如下左图所示。

Step 02 进入宽带路由器管理界面后，先在界面左方找到并单击"设置向导"选项，进入配置向导步骤，如下右图所示。

 高手指点——宽带路由器管理界面的进入方法

宽带路由器都有一个默认IP地址，当需要进入其管理界面配置自动拨号时，连接到该设备的电脑需要先将电脑的IP地址设置为和宽带路由器在同一网段内。比如，宽带路由器的默认IP为192.168.1.1，那么电脑的IP地址就需要设置为192.168.1.2，依此类推。

Step 03 进入设置向导步骤，单击"下一步"按钮，如下左图所示。

Step 04 ❶选中"PPPoE（ADSL虚拟拨号）"单选按钮；❷单击"下一步"按钮，如下右图所示。

Step 05 ❶按提示输入宽带接入账号及密码；❷单击"下一步"按钮，如下左图所示。

Step 06 提示设置完成，单击"完成"按钮退出，如下右图所示。

② 配置是否采用局域网固定IP地址连接

　　家庭局域网中其他电脑要正确地通过宽带路由器实现Internet连接，首先就要让宽带路由器"认识"，识别身份的方法就是电脑配置的IP地址。如果家里有多台电脑需要接入，为了方便后期的管理以及避免资源共享时一些问题的发生，推荐在宽带路由器上设置一个允许访问的IP地址范围，即其他电脑需要将IP地址设置在此范围内才可以访问，设置方法如下。

光盘同步文件
同步视频文件：光盘\同步教学文件\第8章\8.1.4（2）.mp4

Step 01 在设备管理界面左方单击"DHCP服务器"下的"DHCP服务"项，如下页左图所示。

Step 02 ❶选中"不启用"单选按钮；❷手动输入IP地址开始和结束的范围；❸单击"保存"按钮，如下页右图所示。

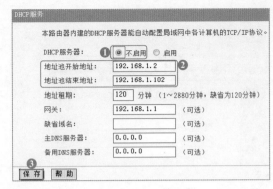

提个醒——启用DHCP服务

用户也可以开启宽带路由器的"DHCP服务"功能，让所有连接到宽带路由器的电脑以自动获取IP地址的方法来实现快捷连接。

③ 配置无线宽带路由器安全参数

无线和有线宽带路由器的工作原理一样，唯一不同的就是无线宽带路由器无须网线连接其他电脑，通过无线信号即可传达到电脑上的无线网卡处。这种连接方法最需要注意的就是信号传输的安全问题。首先是在"无线设置"的基本设置界面下，指定一个SSID号，如下图所示。

其次就是在"无线安全设置"界面下，为无线传输选定一种加密方式，并设定一个尽量复杂但又利于记忆的无线密码，如下图所示。

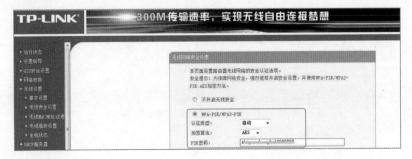

高手指点——SSID及无线密码的功用

SSID可以理解为身份标识，即你的无线宽带路由器在被其他电脑搜索到后显示的名称；而无线密码则是访问权限凭证，不管是家庭局域网的电脑还是其他可以搜索到该无线宽带路由器信号的电脑，只有拥有该密码才能成功连接，实现Internet访问。

8.1.5 设置局域网电脑端参数

完成宽带路由器的基本设备后，接下来就是在家庭局域网其他电脑上的简单设置了。需要做的设置工作主要就是和宽带路由器取得连接并建立通信。

1 需要IP地址的有线连接

如果采用的是有线连接且需要IP地址才能访问，那就按如下步骤在电脑上设置好IP地址。

 光盘同步文件

同步视频文件：光盘\同步教学文件\第8章\8.1.5.mp4

Step 01 进入"网络和共享中心"，然后在操作窗口左上方单击"更改适配器设置"链接，如下左图所示。

Step 02 ❶进入"网络连接"窗口后，选中当前的连接名称；❷单击"更改此连接的设置"按钮，如下右图所示。

Step 03 ❶在"以太网 属性"对话框下，选中"Internet协议版本4（TCP/IPv4）"项；❷单击"属性"按钮，如下页左图所示。

Step 04 进入IP地址设置对话框，❶按实际情况配置电脑的IP地址以及默认网关、首选DNS服务器地址3项信息；❷单击"确定"按钮，如下页右图所示。

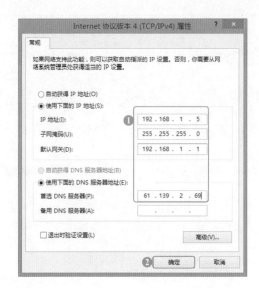

高手指点——IP地址的设置说明

输入电脑IP地址后按键盘上的Tab键，"子网掩码"即会自动生成；"默认网关"即宽带路由器的默认IP地址，需要手动输入；"首选DNS服务器"为用户宽带接入服务商提供的地址，需要根据自己实际情况填写；"备用DNS服务器"可以不用填写。

2 无需IP地址的无线连接

如果在宽带路由器设置界面中启用了"DHCP服务"，而且采用的是无线连接方式，那么局域网中其他电脑只需按如下步骤操作即可完成和宽带路由器的连接。

Step 01 在"网络连接"窗口下，双击无线连接名称，如下左图所示。

Step 02 桌面右方将弹出网络连接状态栏，在其中双击正确的无线宽带路由器名称，如下右图所示。

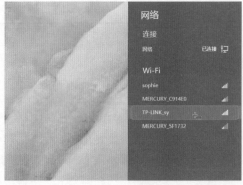

Step 03 ❶提示输入无线连接密码；❷单击"下一步"按钮，如下左图所示。

Step 04 提示设置共享属性，单击"是，启用共享并连接到设备"项，如下右图所示。

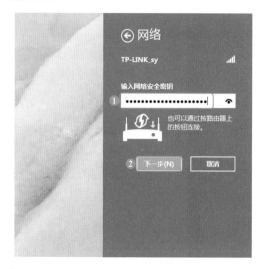 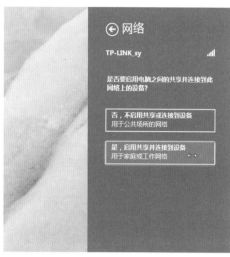

Step 05 随后即会看到已连接到无线网络的提示，如下左图所示。

Step 06 返回"网络连接"窗口，也可以看到Wi-Fi的无线连接图标已连接正常，如下右图所示。

8.1.6 查看局域网连接状态

当完成上述所有的配置工作后，当前家庭局域网环境也就配置好了。当局域网电脑完成IP地址等相关配置后，即可建立连接。而在连接成功后，可在"网络连接"窗口中先选中当前连接再单击"查看此连接的状态"按钮，在新的对话框中详细查看当前网络连接的状态信息，包括持续时间以及连接速度等，如下页图所示。

8.2 设置局域网实现资源共享

有了大环境的局域网共享条件后，接下来就是在Windows 8操作系统中根据自己的需要来配置一些具体的共享环境，比如希望哪些文件和文件夹共享、如何关闭一些临时打开的共享资源等。本节即会详细介绍这些共享设置操作。

8.2.1 开启Windows 8"网络发现"功能

有时，如果发现在Windows 8网络连接窗口中无法看到局域网内其他电脑，这是因为Windows 8没有开启"网络发现"功能造成的。开启该功能的具体步骤如下。

 光盘同步文件

同步视频文件：光盘\同步教学文件\第8章\8.2.1.mp4

Step 01 在"网络和共享中心"窗口左上方，单击"更改高级共享设置"链接，如下左图所示。

Step 02 在"网络发现"分类栏下，选中"启用网络发现"单选按钮即可，如下右图所示。

高手指点——无法启动"网络发现"的解决方法

如果用户经过多次尝试"网络发现"总是无法启动，原因是有一个服务没有启动，即"SSDP Discovery"服务，启动该服务后网络发现即可正常启动。关于系统服务的启动方法，用户可以参看8.1.2小节的相关介绍。

8.2.2 创建小范围的"家庭组"共享环境

与早期版本的Windows操作系统相比，Windows 8的一大优势是可以便捷地建立网络连接。系统可以通过建立"家庭组"，使得家庭或小型企业充分利用Windows的网络连接功能。为智能手机、打印机和多媒体等设备提供便捷的连接方式，以便更好地传输和共享数据。创建"家庭组"的方法如下。

 光盘同步文件
同步视频文件：光盘\同步教学文件\第8章\8.2.2.mp4

Step 01 在控制面板的"网络和Internet"分类下，单击"家庭组"链接，如下左图所示。
Step 02 提示当前没有创建，单击"创建家庭组"按钮，如下右图所示。

Step 03 提示开始创建家庭组的向导步骤，单击"下一步"按钮，如下左图所示。
Step 04 ❶根据实际需要，对图片、视频、音乐等内容的共享属性进行分别的配置；❷完成后单击"下一步"按钮，如下右图所示。

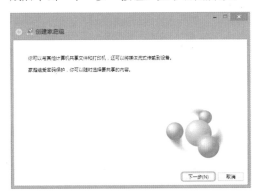 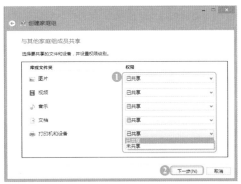

Step 05 提示正在配置与其他家庭组成员的共享属性，如下左图所示。

Step 06 ❶完成后返回提示，并显示一组访问密码；❷记住此密码后单击"完成"按钮，如下右图所示。

Step 07 创建好家庭组共享环境后，即有相应的操作窗口可供使用。为方便记忆，可以单击"更改密码"链接，如下左图所示。

Step 08 提示是否更改家庭组密码，单击"更改密码"项，如下右图所示。

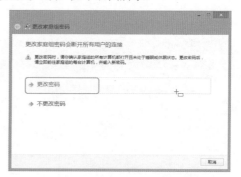

Step 09 ❶自行输入其他更容易记忆的家庭组密码；❷单击"下一步"按钮，如下左图所示。

Step 10 ❶更改家庭组密码成功；❷单击"完成"按钮即可，如下右图所示。

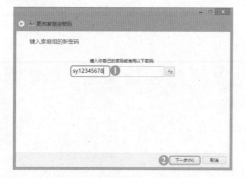

8.2.3 配置Windows 8文件夹简单共享

创建好家庭组共享环境后，Windows 8即为用户提供了一套非常方便、快捷的共享实现方法。比如想临时快速共享某个文件夹，即可按如下方法进行操作。

光盘同步文件

同步视频文件：光盘\同步教学文件\第8章\8.2.3.mp4

Step 01 ❶右键单击文件夹；❷从快捷菜单中依次选择"共享→家庭组（查看）"命令，如下左图所示。

Step 02 在弹出的对话框中，单击"是，共享这些项"按钮即可，如下右图所示。

 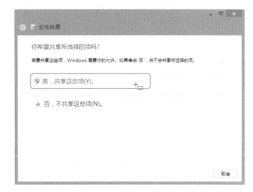

8.2.4 设置Windows 8文件夹共享权限

如果希望让文件夹的共享更加安全一些，比如想指定访问权限的一些共享操作权限，即可通过如下操作步骤来实现。

**光盘同步文件**

同步视频文件：光盘\同步教学文件\第8章\8.2.4.mp4

Step 01 ❶右键单击文件夹；❷从快捷菜单中选择"属性"命令，如下左图所示。

Step 02 在"共享"选项卡下，单击"高级共享"按钮，操作如下右图所示。

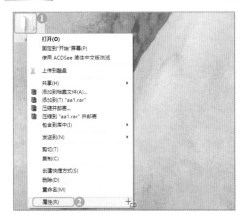 

Step 03 ❶勾选"共享此文件夹"复选框；❷输入共享名；❸单击"权限"按钮，如右侧左图所示。

Step 04 ❶选中组或用户名；❷勾选希望给予的访问权限；❸单击"确定"按钮，如右侧右图所示。

提个醒——对组或用户名共享权限的配置

上述步骤04中仅显示了Everyone用户名，表示同时对所有其他用户的设置；如果希望更详细地进行有针对性的设置，可以在"共享权限"选项卡中单击"添加"按钮，将系统中已创建的所有用户账户添加进来，再逐一赋予其不同的共享操作权限。

8.2.5 启动密码保护共享

对用户账户进行共享权限的配置，是局域网共享安全的方法之一。在Windows 8操作系统下还有另外一种共享安全的设置方法，那就是"启用密码保护共享"功能。启动方法很简单，在"网络和共享中心"中单击左上方的"更改高级共享设置"链接，在"高级共享设置"窗口下"所有网络"分类设置项中即可找到并启动该功能，如下图所示。

 高手指点——启用密码保护共享的作用

启用密码保护共享后，则只有具备此计算机的用户账户和密码的用户，才可以访问相应的共享文件夹，也才能成功连接到此计算机的打印机以及公用文件夹。

8.2.6 快速取消文件夹共享

如果想快速取消一些临时共享的文件夹，Windows 8也提供了非常便捷的方法，只需要 ❶右键单击该文件夹，❷从快捷菜单中依次选择"共享→停止共享"命令即可，如右图所示。

8.3 访问局域网共享资源

把家庭中多台电脑组成一个家庭局域网，同时也就组成了一个巨大的共享资源库。只要设置得当，家庭局域网环境下的所有电脑就能实现非常方便地互相访问。本节将介绍在局域网环境下，如何通过各种方法来实现便捷地共享访问操作。

8.3.1 通过桌面"网络"图标访问

Windows 8传统桌面下有一个"网络"图标，这就是Windows操作系统访问网络共享资源的常规方法。只需双击该图标，在打开的窗口中的"计算机"分类下，会看到所有同属一个局域网的电脑名称；再双击其中一个进入，即可查看详细的共享资源了，如下图所示。

 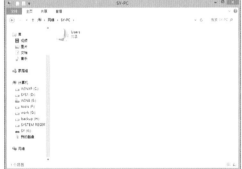

8.3.2 使用UNC路径访问共享资源

UNC路径就是类似\\sy-pc形式的网络路径。它符合\\servername\sharename格式，其中servername是服务器名；sharename是共享资源的名称。目录或文件的UNC名称可以包括共享名称下的目录路径，格式为：\\servername\sharename\directory\filename。

例如，SY-PC计算机中有一个名为Users的共享文件夹，用UNC表示就是\\SY-PC\Users，如果是SY-PC计算机的默认管理共享c$则用\\SY-PC\c$来表示。具体访问方法就是进入"网络"或"计算机"窗口，然后在地址栏中输入上述UNC路径，再按Enter键即可进入访问，如下图所示。

8.3.3 映射网络驱动器

为了方便地访问网络中其他用户共享的文件夹，使用"映射网络驱动器"功能将需要经常访问的文件夹映射为本地磁盘是个不错的方法，这样就可以像访问"我的电脑"一样来访问这些共享文件夹。映射网络驱动器的方法如下。

 光盘同步文件
同步视频文件：光盘\同步教学文件\第8章\8.3.3.mp4

Step 01 ❶在Windows 8传统桌面下右键单击"计算机"图标；❷从弹出的快捷菜单中选择"映射网络驱动器"命令，如下左图所示。

Step 02 ❶选择要映射成的驱动器盘符；❷单击"浏览"按钮，从局域网中定位要映射到本机的共享资源，如下右图所示。

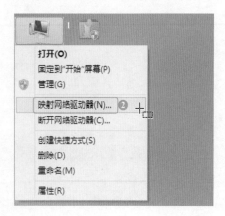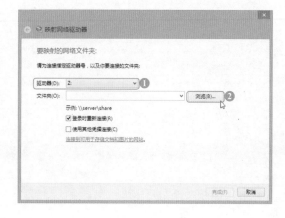

Step 03 ❶选择要共享的网络文件夹；❷单击"确定"按钮，如下左图所示。

Step 04 返回"映射网络驱动器"对话框，确认无误后单击"完成"按钮，如下右图所示。

Step 05 返回"计算机"窗口，即可看到新增一项"网络位置"的驱动器列表，如下左图所示。

Step 06 双击该名称，即可快速进入网络共享文件夹，实现便捷访问，如下右图所示。

高手指点——映射网络驱动器的用途

"映射网络驱动器"的意思是将局域网中的某个目录映射成本地驱动器，就是说把网络上其他电脑中共享的文件夹映射为自己电脑上的一个磁盘，这样就可以提高访问效率。

8.3.4 开启远程协助功能

任何人都可以利用一技之长，通过Windows 8提供的远程协助功能，为远端电脑前的用户解决问题，如安装和配置软件、绘画、填写表单等，其本质实际还是一种网络访问。比如本机希望得到远程用户的一些帮助，就需要先通过如下方法，开启本机的远程协助功能。

光盘同步文件

同步视频文件：光盘\同步教学文件\第8章\8.3.4.mp4

Step 01 ❶右键单击桌面"计算机"图标；❷选择"属性"命令，如下左图所示。

Step 02 在"系统"窗口左上方，单击"远程设置"链接，如下右图所示。

Step 03 ❶切换至"远程"选项卡；❷勾选"允许远程协助连接这台计算机"复选框；❸单击"高级"按钮，如下左图所示。

Step 04 ❶根据实际应用的需要，在这里设置一个邀请可以保持为打开的最长时间；❷完成后单击"确定"按钮，退出即可，如下右图所示。

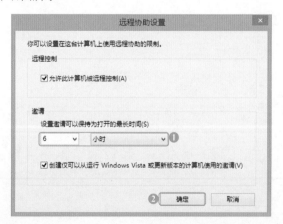

8.4 搭建家庭DLNA多媒体共享系统

在如今的家庭局域网环境下，由于各种智能设备（比如智能手机、智能电视）的出现，使得家庭多媒体娱乐可以呈现出更多的共享乐趣，利用"DLNA技术"来实现多媒体共享就是其中一种。

简单地说，通过"DLNA技术"，可以在家庭局域网中将手机、平板、电脑、电视（或者音响及其他音/视频设备）连接起来，实现互相之间访问音乐、照片和视频等。本节将详细介绍该类型共享系统的构建和访问方法。

8.4.1 开启Windows 8媒体流支持功能

"DLNA技术"其实就是一种媒体流技术，而Windows 8本身就提供了对媒体流的支持。只要通过如下方法，开启Windows 8媒体流支持功能，就能实现在同一个局域网内电脑、电视和手机的媒体文件互连播放。

光盘同步文件

同步视频文件：光盘\同步教学文件\第8章\8.4.1.mp4

Step 01 在"高级共享设置"窗口下，找到并单击"选择媒体流选项"链接，如下左图所示。

Step 02 进入"媒体流选项"窗口，单击"启用媒体流"按钮，如下右图所示。

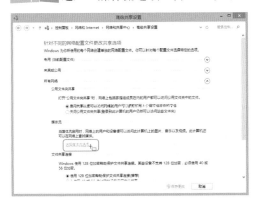 

提个醒——启用媒体流后的注意事项

如果相关服务没有运行，在上述步骤02后将会提示用户需要开启Windows的相关服务。用户需要进入服务管理窗口，依次找到SSDP Discovery、UPnP Device Host和Windows Media Player Network Sharing Service服务，将它们的启动类型都设置为"自动"，并单击"启动"按钮。

Step 03 ❶命名媒体库；❷单击"选择家庭组和共享选项"链接，如下页左图所示。

Step 04 进入"家庭组"窗口，如之前未创建过，就单击"创建家庭组"按钮，如下页右图所示。

Step 05 进入家庭组创建向导步骤，单击"下一步"按钮，如下左图所示。

Step 06 ❶为方便通过DLNA方式共享，可打开所有权限；❷单击"下一步"按钮，如下右图所示。

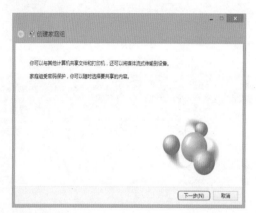 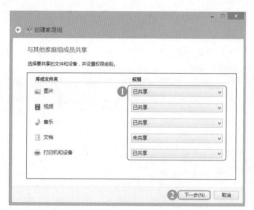

Step 07 ❶提示一组共享访问密码；❷记下后单击"完成"按钮，如下左图所示。

Step 08 返回"媒体流选项"窗口，单击"全部允许"按钮，如下右图所示。

Step 09 单击"允许所有计算机和媒体设备"项，如下页左图所示。

Step 10 再次返回"媒体流选项"窗口，单击右下方的"下一步"按钮，完成配置，如下右图所示。

8.4.2 配置Windows Media Player播放属性

Windows通过Windows Media Player来访问其他开启了DLNA共享的设备，同时提供其他设备的媒体资源在电脑上的播放平台。因此，在使用之初就需要先运行Windows Media Player，单击菜单栏上的"媒体流"后，选择下拉菜单中的"允许远程控制我的播放器"命令，随后弹出提示对话框，单击"允许在此网络上进行远程控制"选项即可，如下图所示。

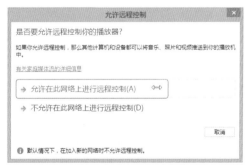

8.4.3 访问共享资源

经过以上两方面的配置后，以"DLNA技术"为基础的家庭媒体流共享环境也就搭建好了。接下来，就可以用其他电脑、手机或电视播放这台电脑上的图片、音乐和视频文件。

比如，如果用户使用的是一台Android系统的手机（以华为C8950D为例），就可以使用手机自带的DLNA功能来访问这台电脑上的文件，并可实时地在手机上播放或在其他支持DLNA的设备上输出播放（比如电视），这时手机就成了显示屏或遥控器。手机DLNA功能操作示意如下图所示。

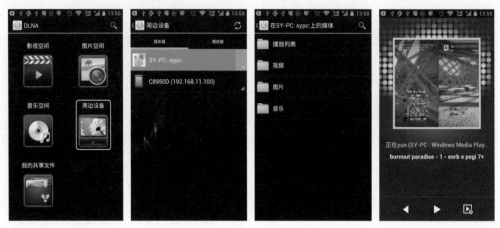

目前，"DLNA技术"已经受到设备制造商的广泛支持，iPhone、Android和Windows Phone手机硬件都已经支持，用户可以仔细翻看自己手机的功能设置，找到并启用DLNA功能。另外，如果用户的家庭局域网中的其他电脑或手机支持DLNA，也可以在Windows Media Player的侧边栏"设备"中看到这些设备并进行播放，如下图所示。

8.5 动动手——共享打印机设备

安装有Windows 8操作系统的电脑，同时连接安装有一台打印机设备，如果希望局域网环境内其他电脑都能共享使用这台打印机，就需要对其进行必要的共享打印设置。本节就给大家介绍一下如何在Windows 8操作系统下设置打印共享。

光盘同步文件

　同步视频文件：光盘\同步教学文件\第8章\8.5.mp4

　　该项配置需要进入Windows 8控制面板中进行设置，具体操作步骤如下。

Step 01 在控制面板的"硬件和声音"分类下，单击"查看设备和打印机"链接，如下左图所示。

Step 02 ❶右键单击打印机名；❷选择"打印机属性"命令，如下右图所示。

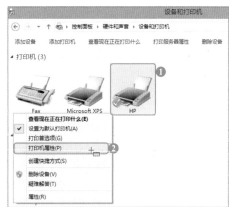

Step 03 随后在"常规"选项卡下重新设置该打印机名称，如下左图所示。

Step 04 在"共享"选项卡下，单击"更改共享选项"按钮，如下右图所示。

Step 05 ❶随后即可勾选"共享这台打印机"复选框；❷输入共享名称，如下页左图所示。

Step 06 在"高级"选项卡下，可以设置该共享打印机可使用的时间段，如下页右图所示。

Step 07 在"安全"选项卡下，可以为不同的账户设置不同的共享访问权限，如下左图所示。

Step 08 ❶在"设备设置"选项卡下，可以简单设置打印属性；❷单击"确定"按钮退出即可，如下右图所示。

第9章

使用Windows 8
网上冲浪

本 章 导 读	通常意义上的"网上冲浪"，一般是指使用浏览器浏览网页、收/发电子邮件以及即时聊天应用。在Windows 8操作系统中，为用户提供了三大全新的网上冲浪工具，可以帮助大家更愉悦地享受网络带来的乐趣。本章将详细介绍Windows 8中可用于网上冲浪的Internet Explorer 10、Hotmail邮件收/发等知识。
本章学完后 您会的技能	● 了解Internet Explorer 10的特色界面 ● 掌握Internet Explorer 10共享网页的方法 ● 学会熟练使用Internet Explorer 10 ● 掌握使用Windows 8内置邮件系统发送邮件的方法 ● 掌握在线管理Hotmail邮件的方法 ● 学会使用必应bing搜索 ● 学会使用"必应旅游"查找旅游信息
本章实例 展示效果	 

9.1 使用Internet Explorer 10浏览网页

从预览第三版起，Internet Explorer 10（以下简称IE 10）就已集成至Windows 8操作系统中。Windows 8又将其分为两个不同的版本，并拥有不同的用户界面：传统桌面用户界面的IE和Windows 8 Metro界面的IE。

9.1.1 整体了解Windows 8操作系统的IE 10

2011年4月12日微软公司正式发布了IE 10的首款预览版本，随后按照每8～12周升级一次的频率在一年半的时间内连续发布了多达7个Beta版本的IE 10。随着一次次更新，到现在IE 10的最新版本为10.0.9200.16384。

Windows 8操作系统中的IE 10分为两个部分：Windows 8 Style IE 10（Metro IE 10）和桌面版IE 10。其中前者是适用于平板的无边框触控式沉浸界面（Immersive），后者是与IE 8、IE 9相差不大的传统桌面版。默认情况下，Windows 8将使用与用户当前环境相匹配的Internet Explorer风格来打开链接。

提个醒——Windows 8操作系统IE 10的运行说明

如果用户正在运行Windows 8风格的应用，单击任意链接，将启动Windows 8 Style IE 10；如果正在运行桌面应用程序，那么单击链接，将在桌面启动桌面版的IE 10。

9.1.2 认识桌面版IE 10

桌面版IE 10是传统IE浏览器的升级，与之前版本最大的不同就是对CSS 3、HTML 5和JS等的加强，微软对于IE 10的愿景不仅仅是夺回浏览器市场，更是想在浏览器标准和网页标准方面获得更多的话语权。

1 界面上的更新改进

多个网页下的显示界面如下图所示。

不难发现，最新的IE 10界面与之前的IE 8、IE 9界面主体上没有大的改变，所不同的是IE 10的窗口和按钮由圆角变为方角，LOGO及图标都更加Windows 8风格化。但界面简约的同时功能却没有降低，其对CSS 3的支持、对HTML 5的支持以及对JS的改进都让IE 10成为在性能上可以与Chrome、Firefox等相提并论的现代浏览器。

2 安全性能上的更新改进

在IE 10中很大程度上延续了之前IE版本（IE 8、IE 9）的安全隐私策略，并在此之上新增了"增强保护模式"（IE 7"保护模式"的升级），对标签和进程做了改进。

高手指点——关于增强保护模式

当用户同时打开了多个标签时，"增强保护模式"会自动让每个标签和进程相互隔离，标签A 将无法对标签B做任何操作，也无法获取其他标签的数据信息，以防止恶意网站的攻击。

9.1.3 认识Windows 8 Style IE 10

专门为触摸体验优化的Windows 8 Style IE 10保持了其他Windows Style风格应用统一的沉浸式界面，将选项卡切换和地址栏分别放置于顶部和底部。底部地址栏可以用滑动或右键调出，平时浏览网页时它会自动隐藏，这些特性都可以让用户在无须进行过多的手动操作的同时，专注于浏览内容而非浏览方式。Windows 8 Style IE 10界面示意如下图所示。

Windows 8 Style IE 10在安全和隐私上也具有桌面版的SmartScreen、XSS过滤和InPrivate浏览功能，如下图所示。另外，在新建标签页下会提示用户经常访问和已附加的网站，便于访问常用网站。

9.1.4 使用Windows 8 Style IE 10磁贴固定功能

用过Windows Phone的用户应该对"磁贴固定"不会陌生，微软也将这项功能搬到了Windows 8中，这意味着网页在桌面增加了新的入口。IE 10可以将网站以磁贴的形式固定在Windows 8的"开始"屏幕（Metro界面）上，并且可以与其余应用程序和内容磁贴在视觉上更好地融为一体。

比如，在Windows 8 Style IE 10中浏览到一篇不错的旅行攻略，就可以利用其磁贴固定功能，将该网页以快捷方式放到Metro界面，以方便随时随地打开浏览，具体操作方法如下。

光盘同步文件
同步视频文件：光盘\同步教学文件\第9章\9.1.4.mp4

Step 01 打开网页后，右键单击浏览器空白区域，在右下角单击"固定网站"按钮，如下左图所示。

Step 02 从弹出的快捷菜单中单击"固定到'开始'屏幕"命令，如下右图所示。

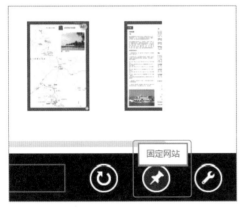

Step 03 提示为该固定项目命名，完成后单击"固定到'开始'屏幕"按钮，如下左图所示。

Step 04 返回Windows Metro开始屏幕，在默认应用程序右方即可看到新固定的网页，如下右图所示。

9.1.5 共享Windows 8 Style IE 10网页

　　Windows 8 Style IE 10可将浏览器内的链接与Windows 8应用共享。该功能的含义是在Windows 8 Style IE 10中浏览网页时，随时调出右方Charm工具栏，单击"共享"按钮，即可将现在打开网页的链接以邮件等方式分享出去，如下图所示。

9.1.6 感受更方便的浏览历史记录功能

　　在Windows 8 Style IE 10中，不管是多标签浏览还是对用户浏览历史的记录，软件在显示上都显得更加清楚、易操作。浏览器上方为多标签显示区，在这里可以自由切换正在浏览的所有网页；浏览器下方则是地址栏和浏览历史，以及已经固定到Metro界面上的网页显示，如下图所示。

另外，和iOS及其他通过注册协议前缀调用第三方应用类似，如果在Windows 8 Style IE 10中浏览在Windows "应用商店"应用的网页时，就会出现一个"获得该应用"的操作按钮，单击即可跳转到微软官方的Windows "应用商店"下载该应用。用户可以很方便地在IE 10中发现、下载和启动适用于所访问网站的Windows 8 Style应用程序。

9.2 使用Windows 8自带邮件收/发功能

Windows 8操作系统集成了Windows Live账号，安装系统必须使用Windows Live账号激活，同时内置的邮箱默认绑定了Hotmail邮箱。用户通过Windows 8内置的邮件系统可直接收/发Hotmail邮件，比网页版的Hotmail功能无论是在访问速度还是在邮件的阅读和编写方面都方便许多。

9.2.1 登录Windows 8内置邮件系统

如果当前Windows 8使用的是Microsoft账号登录，那么在Metro界面中启动其内置的邮件程序时，默认也会用该Microsoft账号登录相应的邮箱，具体操作步骤如下。

光盘同步文件
同步视频文件：光盘\同步教学文件\第9章\9.2.1.mp4

Step 01 进入Metro界面，单击"开始"下方的"邮件"图标，如下左图所示。
Step 02 ❶提示输入Microsoft账户登录密码；❷单击"连接"按钮，如下右图所示。

Step 03 进入登录账号电子邮箱管理界面，在这里可轻松查看各邮件内容，如下页左图所示。
Step 04 在空白区域内单击鼠标右键，可以在下方出现功能性操作按钮，如下页右图所示。

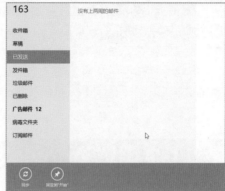

 高手指点——关于Windows 8的Hotmail邮箱

为了更好地体验Windows 8操作系统配合Hotmail多邮箱管理的强大功能，建议各位用户尽量以Hotmail邮箱作为Windows 8的登录账号。

9.2.2 添加其他电子邮件账户

如果要在系统内置的邮件系统中添加其他电子邮件账户，就需要转至账户设置中进行，具体操作步骤如下。

光盘同步文件

同步视频文件：光盘\同步教学文件\第9章\9.2.2.mp4

Step 01 进入"电脑设置"界面，在"用户"分类下单击"更多在线账户设置"链接，如下左图所示。

Step 02 ❶提示输入Microsoft账户登录密码；❷单击"登录"按钮，如下右图所示。

Step **03** 进入"Microsoft账户"管理页面，在"电子邮件"分类下单击"添加电子邮件地址"链接，如下左图所示。

Step **04** ❶选中"向你的账户添加……"单选按钮；❷输入电子邮件地址；❸单击"添加"按钮，即可完成，如下右图所示。

提个醒——通过切换账户来切换电子邮件地址

　　Windows 8操作系统以Hotmail邮箱为默认关联账户，用户如果要切换其他电子邮件地址，可以通过切换登录账号的方式来实现；同时也可如上述方法一样，在当前账户下添加一个新的Microsoft账户地址。

9.2.3 发送电子邮件

　　在Windows 8内置邮件系统中发送电子邮件的操作非常简单，而且操作过程也非常流畅。只需要在登录邮件系统后，从右方单击"发送"按钮，即可进入到发送界面，如下图所示。

　　在发送界面下，Windows 8提供了一个非常简洁、高效的操作环境，只要简单地输入收件人电子邮件地址以及邮件主题内容，即可轻松发送出去。当然，在这里发送

邮件是不能带附件内容的。尽管这样，对于临时有一些邮件发送需求的用户而言，Windows 8操作系统内置的这套邮件系统还是能显著提升操作效率的。

9.2.4 在线管理Hotmail邮件

除了Windows 8内置的邮件系统以外，用户也可以在线登录到Hotmail邮箱进行管理。

如下图所示，❶在浏览器地址栏中输入mail.live.com，进入邮箱登录页面；❷输入相应的账户信息；❸单击"登录"按钮，即可登录。

在邮箱管理页面下，除了常规的邮件收/发操作外，还可一并实现对微软系列产品的使用和管理，比如日历、SkyDrive等。因为这些工具在Windows 8操作系统中都将关联Microsoft账号进行操作。

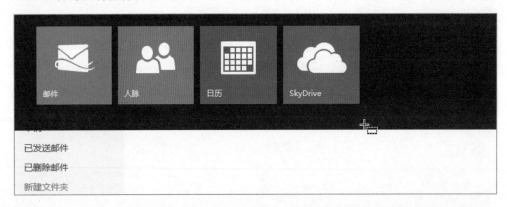

9.3 使用"必应bing"网络工具

Windows 8上市当天，也意味着微软"必应bing"全线Windows 8产品的正式发布。专为Windows 8设计的bing应用包括必应bing、必应地图（Bing Maps）、必应天气（Bing Weather）、必应财经（Bing Finance）、必应资讯（Bing News）、必应体育（Bing Sports）和必应旅游（Bing Travel）。

9.3.1 使用"必应bing"搜索网络内容

必应（Bing，有译作"缤纷"的）是一款微软公司于2009年5月28日推出的用以取代Live Search的搜索引擎，而2009年5月29日，微软正式宣布全球同步推出搜索品牌Bing，中文名称定为"必应"，与微软全球搜索品牌Bing同步。内置在Windows 8操作系统下的必应bing产品，有许多值得一提的特色之处，下面简单地进行介绍。

1 随时更新热点搜索词

必应bing拥有非常统一的用户界面，这与通常见到的微软产品并不一样，在未输入任何关键词的情况下鼠标单击搜索框，即会出现当日搜索的一些热点关键词，如下图所示。

在其中单击某个热点关键词，必应bing即会给出相应的新闻网页和图片搜索结果，并以非常规整的排版风格呈现在用户面前，如下图所示。在搜索结果中可以很方便地查看某条新闻的人致内容和图片信息，单击该新闻，将切换至Internet Explorer 10中打开浏览。

而如果在搜索框中输入搜索内容，每一个字符输入的间隙，必应bing都会实时地给用户一些关键词建议，以方便用户能更快速地定位到需要搜索的内容。这种实时的模糊匹配功能，将大大提高用户使用必应bing搜索网页的快感，如下图所示。

2 更方便的图片搜索

通过必应搜索图片，在搜索结果图片时无须烦琐地单击"下一页"按钮，而是在一个页面内轻松地拖动鼠标，便可以浏览相关图片搜索结果。用户在这里浏览搜索结果图片，就像在浏览本地图片库一样，没有其他任何多余的网络广告信息，这样就能更快速地找到钟意的图片，如下图所示。

> **提个醒——视频直播功能**
>
> 在包含视频搜索结果的结果页面上，用户无须单击视频，只需要将鼠标放置在视频上，必应搜索立刻开始播放视频的精华片段，帮助用户确定是否是自己寻找的视频内容。

9.3.2 使用"必应旅游"查找旅游目的地

必应的旅游指南为用户提供了独特的旅游和出行相关服务。它首次突破传统的搜索模式，通过收集整理互联网上热门景点的旅游状况，结合必应特有的决策引擎模式，将经过筛选和可靠的旅游信息快速、准确地呈现给用户，从而为用户提供一个有价值的旅游资讯服务平台。

目前，在"必应旅游"中主要有"精选目的地"、"全景"和"杂志文章"三大栏目，各栏目从名称上就不难理解其内容特点。初次打开"必应旅游"界面，用户即可感受到其内容整合的丰富性，如下图所示。

"必应旅游"提供了丰富的旅游资讯，包括深度旅行报道、景点信息、地图、天气条件以及360°全景美图等。比如，想要查询"泰国清迈"的旅游信息，即可按如下步骤进行。

 光盘同步文件
同步视频文件：光盘\同步教学文件\第9章\9.3.2.mp4

Step **01** 打开"必应旅游"界面，单击"精选目的地"链接，如下左图所示。

Step **02** ❶单击"全部显示"按钮；❷从列表中单击"亚洲"分类按钮，如下右图所示。

提个醒——"必应旅游"的目的地信息

目前，"必应旅游"上的内容信息大多是以国外的著名景点为主。

Step 03 从搜索结果中找到并单击"泰国清迈"图标，如下左图所示。

Step 04 进入泰国清迈旅游攻略页面，在其中即可查看到图片、全景等资讯内容，如下右图所示。

Step 05 如果想查询该旅游目的地的机票信息，在页面上也有相应的操作入口。只需找到并单击"查找航班"按钮即可进入，如下左图所示。

Step 06 ❶从弹出的页面中设定好航班始发地信息；❷单击"获取航班时刻表"按钮，即可开始搜索，如下右图所示。

Step 07 随后返回从始发地到目的地的多家航班信息，单击即可查看详情，如下页左图所示。

Step 08 "必应旅游"提供了非常详细的航班信息，对于用户而言，是非常有帮助作用的，如下页右图所示。

Q&A 提个醒——"必应旅游"的特色总结

　　从上述应用不难看到，"必应旅游"可以说是用户出游的一份"好攻略"，不仅可以查询航班信息，还可以找到合适的酒店（按照价格、酒店星级、具体设施等对酒店搜索结果进行筛选）。总的来说，不仅使用简便，可以快速帮用户找到合适的航班或酒店，更为用户提供了一扇探索世界的窗户。

9.3.3　浏览"必应头条"资讯

　　对于喜欢新闻阅读的用户来说，"必应资讯"就是不可错过的一款应用工具。利用它，用户可以看到来自整个互联网的可靠消息，轻松跟进世界时事。用户轻松滑动页面，即可快速阅读国内、国际、科技、娱乐、政治、体育和健康等栏目的头条新闻，只需单击标题就能阅读完整文章，如下图所示。

高手指点——"必应资讯"内容排版特色

　　用户在"必应资讯"所看到的新闻内容采用杂志式的排版风格，在视觉上更符合普通阅读者的阅读习惯，而且这样的排版方式也更利于寻找自己感兴趣的内容。

除了丰富的新闻资讯内容外，"必应资讯"还带有非常个性的"我的资讯"功能。该功能可允许用户自行添加希望关注的新闻关键词，然后"必应资讯"即会自动为用户搜索呈现相应的资讯内容。添加个性资讯主题的操作步骤如下。

光盘同步文件

同步视频文件：光盘\同步教学文件\第9章\9.3.3.mp4

Step 01 ❶右键单击空白区域后单击"我的资讯"按钮；❷单击"添加主题"按钮，如下左图所示。

Step 02 ❶输入新闻主题关键词；❷单击"添加"按钮，如下右图所示。

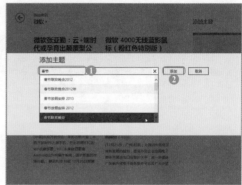

Step 03 随后"必应资讯"即会快速地返回搜索结果，如下左图所示。

Step 04 单击新闻列表中的一个即可进入新闻阅读页面，如下右图所示。

Step 05 右键单击浏览器空白区域，单击"删除主题"按钮，可逐一删除自己添加的主题内容，如下页左图所示。

Step 06 右键单击浏览器空白区域，在上方功能区中单击"资源"按钮，即可看到软件提供的其他资讯网站入口，如下页右图所示。

9.3.4 浏览"必应体育"资讯

在"必应体育"里，用户只需滑动手指，就能看到最热门体育新闻标题、即时比分、日程安排、积分榜、丰富的统计数据以及关于主要赛事的更多信息。用户甚至还可以对体验进行个性化设置，以跟踪最感兴趣的联赛和球队。此外，"必应体育"还提供高清晰度的照片，给用户带来身临其境的体验，犹如坐在看台前排一般。

9.4 动动手——在IE 10中搜索下载图片

Internet Explorer 10尽管有许多新的特色功能，不过大多数时候，用户使用浏览器还是为了满足一般的应用需要，比如在浏览器中查看资讯、搜索下载需要的图片等。那么，如何在Internet Explorer 10中搜索下载图片呢？本节就给大家进行详细介绍。

 光盘同步文件
同步视频文件：光盘\同步教学文件\第9章\9.4.mp4

在Internet Explorer 10中搜索下载图片的具体操作步骤如下。

Step 01 ❶在IE 10下方搜索输入框中，输入百度网址；❷单击右方的"搜索"按钮，如下页左图所示。

Windows 8系统操作与应用一本通

Step 02 在百度搜索引擎页面下，单击"图片"链接，如下右图所示。

Step 03 可自行输入搜索关键词，也可单击网站的图片分类，比如"旅游"分类图标，如下左图所示。

Step 04 将鼠标指针移动到需要下载的图片上，单击随即出现的"下载"按钮，如下右图所示。

Step 05 随后提示下载图片的操作，可直接打开或另行保存（比如单击"保存"按钮），如下左图所示。

Step 06 下载完成后，即会提示用户打开图片查看，如下右图所示。

第10章

使用Windows 8
网络应用工具

本 章 导 读	Windows 8操作系统不仅拥有两套操作界面、带有更加丰富的应用工具，而且其网络应用也非常丰富，比如其在Metro界面下就集成了众多实用的网络工具。另外，Windows 8"应用商店"的加入，也让用户的日常应用变得更加丰富。本章将详细介绍可运行于Windows 8操作系统的各类网络工具的操作知识。
本章学完后 您会的技能	● 掌握在Windows 8中查看天气的方法 ● 掌握在Windows 8中查看地图的方法 ● 学会使用SkyDrive共享存储文件 ● 掌握Windows"应用商店"的特色 ● 掌握安装免费应用工具的方法 ● 学会更新已安装应用工具 ● 学会让Windows"应用商店"显示更多资源
本 章 实 例 展 示 效 果	

10.1 Metro默认网络应用工具

在Windows 8 Metro界面中，自带有许多实用又精彩的网络应用工具。当电脑连接到Internet后，这些网络工具即可发挥其非常精彩的应用特点。

10.1.1 查询天气情况

Windows 8"天气"工具，可以很方便地查询全国各地的天气情况，同时也支持自主定制目的地进行天气查询。比如要查询上海的天气情况，即可按如下步骤进行。

 光盘同步文件

同步视频文件：光盘\同步教学文件\第10章\10.1.1.mp4

Step 01 在Metro界面下单击"天气"图标，如下左图所示。

Step 02 ❶打开天气界面后右键单击空白区域；❷单击"地点"按钮，如下右图所示。

Step 03 在"地点收藏夹"界面中，单击 ⊕ 按钮，如下左图所示。

Step 04 ❶输入天气预报的城市位置；❷单击"添加"按钮，如下右图所示。

提个醒——天气预报城市的输入

在搜索天气预报城市时，系统支持字母、拼音的模糊查找，比如"上海"使用"sh"即可。

Step 05 返回"地点收藏夹"界面，即可看到新增加的"上海"天气图标，如下左图所示。

Step 06 单击新增加的天气图标，即可进入查看详细信息的界面，如下右图所示。

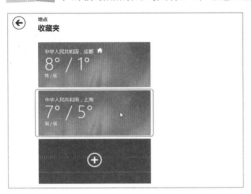

Step 07 在天气预报界面中可单击下方的"设为默认位置"按钮，将天气预报城市固定，如下左图所示。

Step 08 单击"世界天气"按钮，则可进入全球地图界面查看世界各地的天气情况，如下右图所示。

10.1.2 使用Windows 8"地图"工具

Windows 8操作系统自带有一款方便的"地图"工具，对于平板电脑用户而言，将会特别方便他们定位目标地址，而且可实现路线的查询操作。下面就来看看相关的操作。

光盘同步文件

同步视频文件：光盘\同步教学文件\第10章\10.1.2.mp4

Step 01 在Metro界面下单击"地图"图标，如下左图所示。

Step 02 地图工具提示将自动定位用户位置，单击"允许"按钮，如下右图所示。

Step 03 进入地图工具后，软件自动定位到用户当前地址位置，如下左图所示。

Step 04 单击左方 ⊕ 按钮或滑动鼠标，即可放大地图显示，如下右图所示。

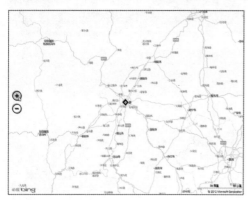
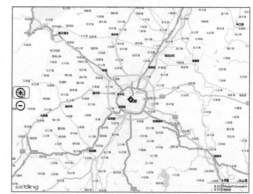

Step 05 右键单击地图任意区域，从下方浮动工具栏上单击"路线"按钮，如下左图所示。

Step 06 ❶分别在A、B处输入出发地和到达地；❷单击向右箭头开始搜索，如下右图所示。

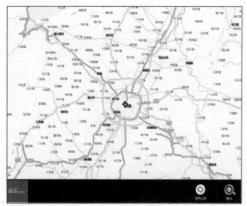
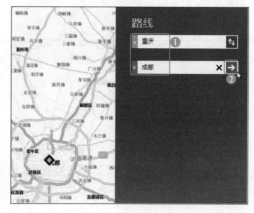

Step **07** 路线搜索返回图文结果，屏幕上方有文字描述，下方绘制全程路线，如下左图所示。

Step **08** 单击某个文字描述内容，下方路线将自动定位并显示详情，如下右图所示。

> **高手指点——地图定位的操作技巧**
>
> 　　如果用户使用的是平板或笔记本电脑，即可利用Windows 8操作系统的该项"地图"功能，实现自驾线路指引等应用。在输入出发地和目的地时尽量详细化，这样将有助于提升搜索结果的精确度。

10.1.3 使用SkyDrive应用工具

　　Windows 8是一款开启新时代的操作系统，其中一大原因就是它将本地与云端连接了起来，而SkyDrive就是作为这个桥梁的重要一环。SkyDrive是微软推出的云存储服务，用户可以通过它来访问上传其中的文件，利用PC、平板电脑或是智能手机都可以获取SkyDrive中的最新版本文件。

1 在Windows 8中使用SkyDrive

　　SkyDrive工具内置于Windows 8操作系统的Metro界面上，比如用户想上传一首音乐文件至SkyDrive中保存，可按如下步骤操作。

光盘同步文件
同步视频文件：光盘\同步教学文件\第10章\10.1.3（1）.mp4

Step **01** 在Metro界面下单击SkyDrive图标，如下页左图所示。

Step **02** ❶提示输入当前Microsoft账户密码；❷单击"确定"按钮，如下页右图所示。

高手指点——SkyDrive的登录权限

> 由于SkyDrive是微软自家的产品，因此如果用户使用Microsoft账号登录Windows 8，在进入SkyDrive时也将自动以该账号来登录。

Step 03 进入SkyDrive操作界面，右键单击空白区域后，从下方浮动工具栏中单击"新建文件夹"按钮，重新创建一个自用文件夹，如下左图所示。

Step 04 ❶提示输入新文件夹名称，切换系统输入法后输入名称；❷单击"创建文件夹"按钮，如下右图所示。

Step 05 完成新文件夹创建后，在主操作界面下单击该文件夹图标进入，如下左图所示。

Step 06 进入新文件夹界面，在下方浮动工具栏中单击"上载"按钮，如下右图所示。

Step **07** ❶单击"文件"按钮；❷从下拉菜单中选择要上传文件位置，如下左图所示。

Step **08** ❶单击要上传的音乐文件；❷单击"添加到SkyDrive"按钮，如下右图所示。

Step **09** 返回新文件夹界面，右上角会实时显示正在上传的文件信息，如下左图所示。

Step **10** 上传完成后单击该音乐文件，即可使用系统内置的播放工具来在线播放，如下右图所示。

提个醒——下载SkyDrive中的文件

保存在SkyDrive中的文件需要下载时，只需右键单击该文件，随后即可在下方弹出的浮动工具栏上找到"下载"按钮，实现文件下载。

2 在线使用SkyDrive

除了利用Metro界面下的应用工具来访问SkyDrive资源外，通过浏览器也可在线访问SkyDrive。下面就来看看在线SkyDrive应用的一些操作知识。

光盘同步文件
同步视频文件：光盘\同步教学文件\第10章\10.1.3（2）.mp4

Step 01 ❶在浏览器地址栏中输入SkyDrive.com，打开在线登录页面；❷输入Microsoft账户登录信息；❸单击"登录"按钮，如下左图所示。

Step 02 登录后，在"文件"选项卡下，可同步查看到SkyDrive中存储的所有文件及文件夹信息，如下右图所示。

Step 03 对于存储的文件，在线SkyDrive同样提供了丰富的管理功能，如下左图所示。

Step 04 在"电脑"选项卡下，用户可方便地下载到本地工具版SkyDrive，如下右图所示。

10.2 使用Windows 8 "应用商店"

当用户进入Windows 8后，首先看到的就是"开始"屏幕和上面一个个Metro应用程序，那么这些应用程序都是从哪里来的呢？答案就是Windows"应用商店"（Windows Store）。其功用就类似苹果设备的官方应用下载商店一样。

10.2.1 认识Windows 8 "应用商店"

Windows"应用商店"是Windows 8引进的向用户提供Metro应用的官方应用程序商城，用户可以在Windows"应用商店"上一站式购买喜欢的应用程序，这些应用程序都是经过微软官方审核并评级后的，在安全上可以放心。此外，微软提供了傻瓜式的安装、更新和管理应用程序的操作。

Windows "应用商店"是由主体导航、编辑精选、分类页、应用主页4部分组成的。其应用分类有精品聚焦、游戏、社交、娱乐等多个大类，每个类别下都有"最热免费产品"和"新品推荐"两个大分类，每个分类下又有多个子分类来帮助用户快速找到想要的应用程序。

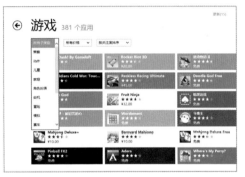

Windows "应用商店"采用了和"开始"屏幕相似的风格，以磁贴形式展示各款应用，左右滚动可以查看其他应用（单击最右下角"缩小"按钮可以在全局界面下查看）。单击图中任意应用程序图标，进入商店的介绍界面，就可以下载和安装了。

> **提个醒——Windows "应用商店"的地位**
>
> Windows 8与之前所有Windows版本的不同在于其兼容平板电脑，而在这个部分中Windows Store（应用商店）是重中之重，因为它是Windows 8 Style应用程序的分发点，其地位相当于苹果的AppStore。

10.2.2 安装免费应用工具

目前，Windows "应用商店"已成为用户体验的一部分，而在未来，它甚至还承担着重新构建和整理Windows生态环境的重任。下面以"新浪微博"免费应用为例来看看安装方法。

光盘同步文件
同步视频文件: 光盘\同步教学文件\第10章\10.2.2.mp4

Step 01 在"社交"分类下,单击"新浪微博"图标,如下左图所示。
Step 02 打开应用详情介绍页面,单击左上方的"安装"按钮,如下右图所示。

Step 03 随后会提示新浪微博将自动完成下载和安装,如下左图所示。
Step 04 安装完成后,在"你的应用"界面中即可看到自行下载安装的所有应用列表,如下右图所示。

10.2.3 购买付费游戏

Windows "应用商店"中也有许多精彩好玩的收费游戏,购买下载这些付费游戏的方法如下。

 光盘同步文件
同步视频文件: 光盘\同步教学文件\第10章\10.2.3.mp4

Step **01** 在Windows "应用商店"的"游戏"分类下，单击"付费"筛选方式，如下左图所示。

Step **02** 从返回的搜索结果中单击希望付费下载的游戏名，如下右图所示。

Step **03** 在游戏详情介绍页面左上方，单击"购买"按钮，如下左图所示。

Step **04** ❶提示输入Microsoft账户密码验证登录；❷单击"确定"按钮，如下右图所示。

Step **05** 在"付款和账单"页面中，按提示设置用户的支付账户信息；输入完成并验证后，即可确认支付，如下左图所示。

Step **06** 和苹果APP商店一样，当完成支付后Windows应用商店即会自动开始下载并安装付费游戏，如下右图所示。

10.2.4 更新已安装应用程序

如果已安装的应用程序有新版本的，系统会自动提示升级，此时只需在"应用更新"界面中选中要更新的应用程序，然后单击"安装"按钮即可。如果有多个应用更新，也只需单击一个按钮即可实现一键更新全部应用程序。

10.2.5 分享应用工具

在Windows"应用商店"中碰到精彩的应用工具或是游戏时，用户也可以方便地通过系统中已安装的网络分享工具来实现快捷分享操作，具体实现方法如下。

 光盘同步文件
同步视频文件：光盘\同步教学文件\第10章\10.2.5.mp4

Step 01 在应用工具详情页面中调出Charm工具栏，单击"共享"按钮，如下左图所示。
Step 02 由于之前已安装新浪微博，所以在"共享"列表中也已列出此项，单击"微博"选项，如下右图所示。

Step 03 ❶提示输入新浪微博账号信息；❷单击"登录"按钮，如下页左图所示。

Step 04 ❶输入微博分享文字；❷单击"发布"按钮，即可完成分享，如下右图所示。

 提个醒——分享应用工具的渠道选择

默认情况下，Windows 8操作系统中仅可通过"人脉"和"邮件"分享。但当用户自行安装了新浪微博、人人网等社交平台工具后，这些工具也会自动集成在上述"共享"工具栏中，因此分享的渠道选择就会变得更广。

10.2.6 搜索应用工具

搜索是用户获得应用程序最常用的方法之一，但目前Windows"应用商店"并没有单独的搜索框，只能通过Windows 8操作系统的"搜索"功能来实现搜索。也就是说，想在Windows"应用商店"搜索某个应用，需要调用Charm工具栏的"搜索"功能来完成。

高手指点——对搜索结果的筛选

虽然Windows"应用商店"未集成自己的搜索功能，但是对于搜索结果，Windows"应用商店"也提供了相应的搜索筛选功能，比如利用是否付费来排序检索等。

10.3 使用新安装的Metro应用工具

根据平常使用电脑应用程序的情况，在Windows "应用商店"下载安装好相应的Metro应用工具后，接下来就该好好 "享用"了。目前，比较流行的一些Metro应用工具包括社交软件、聊天软件、在线视频播放软件以及网购软件等。本节将会介绍这些基于Windows 8操作系统的Metro工具的使用知识。

10.3.1 使用 "新浪微博" 交友

新浪微博提供了一个发表自由言论、广交天下朋友的网络社交平台。在习惯了Windows操作系统下传统微博界面及玩法后，Windows 8操作系统下Metro风格的新浪微博又有什么不一样呢？下面一起来看看。

光盘同步文件

同步视频文件：光盘\同步教学文件\第10章\10.3.1.mp4

Step 01 在Metro界面下单击 "新浪微博" 图标，如下左图所示。

Step 02 ❶打开新浪微博登录界面，输入登录信息；❷单击 "登录" 按钮，如下右图所示。

Step 03 登录成功后，初次使用会出现新手引导画面，单击鼠标即可退出，如下左图所示。

Step 04 默认进入的是新浪微博首页界面，在其中可查看到用户关注的所有微博信息，如下右图所示。

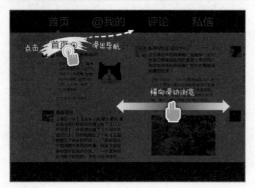 

Step 05 单击个人ID名称进入后，可查看用户自己微博的主页及相关微博信息，如下左图所示。

Step 06 单击某条微博进入后，可以单击好友留言右方的按钮来回复，如下右图所示。

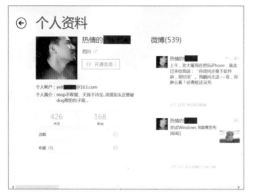 

Step 07 在"回复评论"窗口中，可输入文字、表情，也可回复其他微博好友，如下左图所示。

Step 08 右键单击空白区域，可弹出微博操作的浮动工具栏，比如发布新微博等，如下右图所示。

10.3.2 使用"腾讯QQ"聊天

作为微软邀请的首批合作伙伴，腾讯在第一时间为Windows 8操作系统开发出首款即时通信软件QQ for Windows 8，并作为中国区首款应用受邀入驻Windows 8应用市场。在具体操作上，QQ for Windows 8也与其他系统版本的QQ有着很多不同之处。下面一起来看看相关操作。

光盘同步文件
同步视频文件：光盘\同步教学文件\第10章\10.3.2.mp4

Step 01 ❶启动腾讯QQ后，输入登录账号信息；❷单击 🔘 按钮登录，如下左图所示。

Step 02 进入腾讯QQ主界面，可快捷查看最近联系人、联系人动态等信息，如下右图所示。

Step 03 单击左上角的实时动态，可进入查看当前有消息发送的QQ群和QQ好友，如下左图所示。

Step 04 返回主界面后，可单击"全部联系人"按钮，查看详细好友列表，如下右图所示。

Step 05 进入好友分类列表，单击其中希望聊天的好友列表图标，如下左图所示。

Step 06 随后将以分类方式列出所有好友名称，在其中单击某个好友图标，如下右图所示。

Step **07** 打开与好友的聊天窗口，可以输入文字、表情、发送图片等，如下左图所示。

Step **08** 返回好友列表界面，单击右下方"添加联系人"按钮进入，如下右图所示。

Step **09** ❶输入QQ号码，搜索联系人；❷单击"添加"按钮，如下左图所示。

Step **10** 提示已经成功添加新好友，返回好友列表界面即可查看到，如下右图所示。

10.3.3 使用"土豆"在线看视频

土豆网Windows 8版是一款运行在Windows 8操作系统上的在线视频客户端软件，拥有海量的高清视频供用户免费下载观看和在线观看。这款软件的一些使用操作如下。

 光盘同步文件

同步视频文件：光盘\同步教学文件\第10章\10.3.3.mp4

Step **01** 进入土豆网Metro界面即可看到各项功能，单击"查看全部"按钮进入，如下页左图所示。

Step **02** 在"频道"列表中单击希望播放的视频图标，如下页右图所示。

Step 03 几乎不需要缓冲即可快速打开视频观看，同时还有相关介绍等信息，如下左图所示。

Step 04 返回主界面后，还可在搜索栏内输入希望观看的视频关键词，如下右图所示。

Step 05 搜索结果非常丰富，单击列表名称即可进入播放，如下左图所示。

Step 06 右键单击空白区域，可在浮动工具栏上找到"历史"按钮，如下右图所示。

10.3.4 使用"京东商城"在线购物

京东商城Windows 8版是专为用户推出的一款京东购物软件，具有精彩活动、掌上秒杀、商品分类、商品浏览、下单等功能，旨在为用户打造更加方便、快捷的购物体验。软件启动及主界面如下图所示。

京东商城Windows 8客户端针对Windows 8系统的全新体验进行了独到设计，界面布局不但完全采用了Metro风格，还着眼于用户体验的提升，通过精心地设计为初次使用Windows 8操作系统的用户提供了极具亲和力的购物体验。比如在软件的"随便逛逛"栏目中，软件就会根据用户购物习惯进行商品智能推荐，如下图所示。

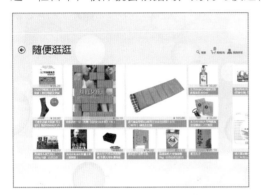
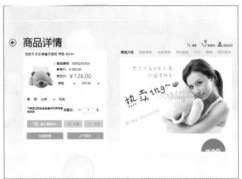

京东商城Windows 8客户端的商品"分类"页面同样非常清爽，用户可以很容易在其中找到自己希望购买的商品类别。其商品分类也基本和Web版京东商城一样，非常全面，如下图所示。

另外，软件的账户管理功能也非常齐全。以自己的账号登录后，可以查询近期的订单信息、晒单或评价信息等。对于使用平板电脑的用户而言，这样的功能配备已经能够满足他们基本的网购下单、付款、查询等操作需要了，如下图所示。

京东商城Windows 8客户端是国内首批支持Windows 8操作系统的电商应用之一，其采取与微软直接对接开发的方式，保障了这款客户端软件的兼容性与稳定性。

10.4 动动手——让Windows"应用商店"显示更多应用

Windows 8操作系统"应用商店"中的应用数目在2012年9月就已超过1000个，其中游戏应用数量最大，有200多款。但是很多用户在自己的Windows 8"应用商店"中看到的应用数量比较少，游戏还不到10款。本节将带大家一起来看看怎样通过调整Windows 8操作系统设置看到更多的Metro应用。

 光盘同步文件
同步视频文件：光盘\同步教学文件\第10章\10.4.mp4

调整Windows 8操作系统设置，让Windows"应用商店"显示更多的Metro应用的方法如下。

Step 01 修改之前可查看到当前游戏应用仅显示为58个，如下左图所示。

Step 02 ❶按快捷键Windows+I调出"设置"工具栏；❷单击"首选项"选项，如下右图所示。

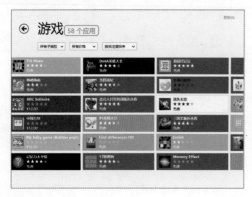 

Step **03** 将"更容易找到与我的首选语言一致的应用"选项设置为"否",如下左图所示。

Step **04** 设置完成后再次返回"游戏"列表页面,即可看到数量已增加到3129个,如下右图所示。

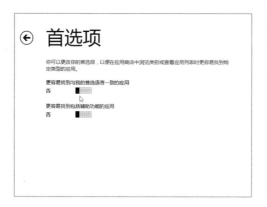

高手指点　　为何调整前看不到更多应用

Windows 8"应用商店"为了方便不同语种的用户选择,特地设置了智能筛选机制,在"更容易找到与我的首选语言一致的应用"为开启的状态下,只显示与当前系统语种一致的应用。如果用户想要看到其他语种的应用,自然需要关闭这个选项。

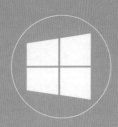

第11章
Windows 8的精彩多媒体工具

本 章 导 读	作为一款多平台共用的操作系统，Windows 8在多媒体应用方面的功能同样强大。除了可以不用安装第三方工具，仅使用Windows Media Player就能播放大部分多媒体资源外，新系统内置的一些Metro风格的多媒体工具也非常有使用价值。本章即会向大家介绍这些多媒体工具的相关操作。
本章学完后 您会的技能	● 掌握查看多媒体硬件工作状态的方法 ● 学会管理Windows Media Player媒体库 ● 掌握Windows Media Player与设备同步的使用方法 ● 学会用Windows Media Player播放Internet媒体资源 ● 掌握下载安装Windows 8精彩游戏的方法 ● 学会使用Windows 8音乐工具和照片工具
本 章 实 例 展 示 效 果	 

11.1 查看和配置多媒体硬件环境

在使用Windows 8操作系统的精彩多媒体工具之前，用户可先行对操作系统的多媒体硬件环境进行一些简单的查看和配置调整，以利于更好地为日后的应用服务。

11.1.1 查看多媒体硬件工作状态

在电脑上体验多媒体娱乐，声音系统是必不可少的环节。在Windows 8中，系统还可以将文字读出来并合并成声音输出。这里首先来看看当前系统环境下的音频设备工作是否正常。

 光盘同步文件

同步视频文件：光盘\同步教学文件\第11章\11.1.1.mp4

Step 01 ❶右键单击桌面上的"计算机"图标；❷从快捷菜单中选择"属性"命令，如下左图所示。

Step 02 在"系统"窗口左上方，单击"设备管理器"链接，如下右图所示。

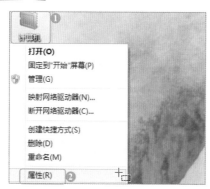 

Step 03 在"声音、视频和游戏控制器"一栏下，双击音频设备名称，如下左图所示。

Step 04 弹出硬件设备属性对话框，查看当前设备工作是否正常，如下右图所示。

11.1.2 设置系统语音识别属性

在平板电脑和计算机上使用的Windows 8操作系统将能够提供与苹果Siri同样的体验，这就是语音识别。而在使用该功能之前，也应该在功能设置对话框中进行简单的查看和配置处理，以便确认符合当前使用需求，具体操作步骤如下。

光盘同步文件

同步视频文件：光盘\同步教学文件\第11章\11.1.2.mp4

Step 01 ❶在"控制面板"窗口中单击地址栏的下三角按钮；❷选择"所有控制面板项"命令，如下左图所示。

Step 02 在展开全部控制面板项后，单击其中的"语音识别"图标进入，如下右图所示。

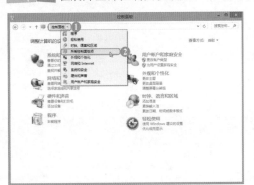 

Step 03 在"语音识别"窗口左上方，单击"高级语音选项"链接，如下左图所示。

Step 04 在"语音识别"选项卡下，确认麦克风设备已经正确连接，如下右图所示。

Step 05 在"文本到语音转换"选项卡下，确认相关语音设备已正确选择，如下页左图所示。

Step 06 单击"语音速度"下的"高级"按钮，可进一步确认音频输出设备是否正确，如下页右图所示。

11.2 配置和使用Windows Media Player

Windows Media Player是Windows操作系统强大的多媒体播放器。使用Windows Media Player，可以播放数字媒体文件、组织数字媒体集、将喜爱的音乐刻录成CD、从CD翻录音乐、将数字媒体文件同步到便携设备或是从在线商店购买数字媒体内容等。

11.2.1 启动Windows Media Player

Windows Media Player内置于Windows 8操作系统中，通过如下方法即可快速启动。

光盘同步文件
同步视频文件：光盘\同步教学文件\第11章\11.2.1.mp4

Step 01 在Metro界面下调出Charm工具栏，单击"搜索"按钮进入，如下左图所示。
Step 02 ❶输入windows media player；❷单击搜索结果打开软件，如下右图所示。

Step **03** 启动Windows Media Player，❶单击"推荐设置"单选按钮；❷单击"完成"按钮，如下左图所示。

Step **04** 完成简单的初始配置后，即可进入到Windows Media Player界面，如下右图所示。

高手指点——Windows Media Player 8欣赏媒体的方式

在Windows Media Player中，可以在以下两种模式之间进行切换：Windows Media Player媒体库（通过此模式，可以控制Windows Media Player的很多功能）和"正在播放"模式（提供最适合播放的简化媒体视图）。

11.2.2 管理和使用Windows Media Player媒体库

在Windows Media Player媒体库中，可以访问并组织用户的数字媒体集。如果当前媒体库中并无内容，可通过如下方法来添加。

光盘同步文件
同步视频文件：光盘\同步教学文件\第11章\11.2.2.mp4

Step **01** ❶右键单击"音乐"选项；❷选择"管理音乐库"命令，如下左图所示。

Step **02** 在"音乐库位置"对话框下，单击"添加"按钮，如下右图所示。

> **提个醒——Windows Media Player媒体库解释**
>
> Windows Media Player会在电脑上的特定Windows媒体库中查找要添加到Windows Media Player媒体库中的文件,如音乐、视频、图片和录制的电视节目等。若要构建媒体库,可以在媒体库中添加来自电脑上其他位置或外部设备(如便携硬盘)的文件夹。

Step 03 ❶从硬盘目录中选定存有音乐文件的文件夹;❷单击"加入文件夹"按钮,如下左图所示。

Step 04 ❶导入其他音乐文件夹后,单击选定;❷单击"确定"按钮,如下右图所示。

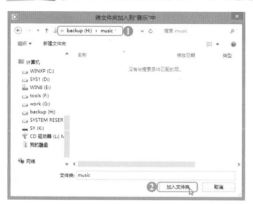 

Step 05 返回Windows Media Player主界面,提示正在导入音乐列表,如下左图所示。

Step 06 稍等之后,即可在界面左方的"音乐"选项下,根据不同分类查看音乐文件,如下右图所示。

11.2.3 创建音乐播放列表

在Windows Media Player中,播放列表的作用显而易见,通过创建不同的播放列表,即可以不同的兴趣爱好来播放自己喜欢的音乐或视频。在Windows Media Player中创建播放列表的操作方法如下。

光盘同步文件

同步视频文件：光盘\同步教学文件\第11章\11.2.3.mp4

Step 01 在音乐库中批量选中要创建到播放列表中的音乐文件，如下左图所示。

Step 02 按下鼠标左键不放，拖动被选中的音乐文件到右方存放区，如下右图所示。

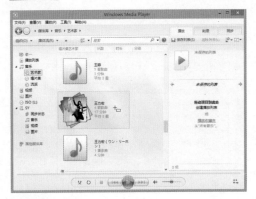 

Step 03 单击"未保存的列表"，可修改该播放列表的名称，如下左图所示。

Step 04 创建完成后，在"播放列表"下单击即可查看该列表下的所有音乐，如下右图所示。

11.2.4 刻录音乐CD光盘

使用Windows Media Player，用户可以刻录音频CD、数据CD和数据DVD这3种光盘。若要确定应该使用哪种光盘，需要考虑要复制的内容、要复制的大小以及希望播放光盘的方式。比如，想要刻录音乐CD光盘，即可按如下步骤进行。

 光盘同步文件

同步视频文件：光盘\同步教学文件\第11章\11.2.4.mp4

Step 01 ❶单击"刻录"选项卡；❷拖放音乐文件到右下方音乐存放区，如下页左图所示。

Step 02 ❶单击右上方的下三角按钮；❷选择"更多刻录选项"命令进入，如下右图所示。

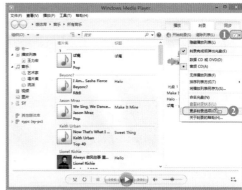

Step 03 ❶将"刻录速度"选择为"中"；❷单击"确定"按钮退出，如下左图所示。

Step 04 完成上述操作后，放入刻录光盘，再单击"开始刻录"按钮即可，如下右图所示。

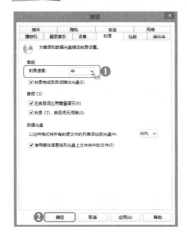

11.2.5 设置设备与Windows Media Player同步

使用Windows Media Player可以将音乐、视频和照片从用户的Windows Media Player媒体库中复制到便携设备（比如MP3播放器等），这个操作过程就称为同步。比如，要将电脑中存储的音乐和手机同步，即可按如下步骤进行。

光盘同步文件

同步视频文件：光盘\同步教学文件\第11章\11.2.5.mp4

Step 01 将手机通过数据线连接到电脑，让Windows Media Player能正确识别并显示，如下页左图所示。

Step 02 ❶单击右方的下三角按钮；❷选择"设置同步"命令进入，如下页右图所示。

Step 03 进入设备安装程序向导步骤后，保持默认选项，单击"下一步"按钮，如下左图所示。

Step 04 ❶输入设备名称；❷单击"完成"按钮，退出向导步骤，如下右图所示。

Step 05 拖动鼠标选择要和设备同步的音乐文件，并将其添加到右方同步列表，如下左图所示。

Step 06 准备就续后，单击"开始同步"按钮，如下右图所示。

Step **07** Windows Media Player开始同步音乐到连接的设备，如下左图所示。

Step **08** 同步完成后，可以单击右下方的"单击此处"链接，断开设备连接，如下右图所示。

> **高手指点——Windows Media Player初始状态**
>
> 　　第一次将设备连接到电脑时，Windows Media Player会根据设备的存储容量以及Windows Media Player媒体库的大小，选择最适合设备的同步方法；当第一次设置完设备之后，用户就可以自行选择其他同步方法。

11.2.6　播放Internet媒体资源

　　Windows Media Player不仅能播放本地音乐和视频，同时也可用于播放来自Internet的媒体资源。比如一个网页视频，即可将其播放地址复制到Windows Media Player中来播放。播放的方法很简单：只要在软件主界面的"文件"菜单下选择"打开URL"命令后，在弹出的对话框中将复制的媒体文件URL地址粘贴进来即可，如下图所示。

11.3 使用Windows 8特色媒体功能

Windows 8操作系统的特色之一，就是其内置了多种娱乐工具，用户无须安装其他第三方工具，在系统中即可方便地实现音乐/视频播放、照片浏览以及拍照摄像等操作应用。本节即会介绍这些内置娱乐工具的一些基本操作。

11.3.1 使用Windows 8虚拟光驱功能

在之前的Windows操作系统中要加载ISO等镜像文件，只能安装Daemon Tools或Alcohol 120%等第三方虚拟光驱软件来管理ISO等映像。而在Windows 8中一切都变得更加简单，用户只需在资源管理器中简单选中一个ISO文件并右击，再从快捷菜单中单击"装载"命令，根据提示操作Windows 8会即时创建一个虚拟驱动器并加载ISO镜像，给予用户访问其中文件的权限。

11.3.2 玩乐Windows 8特色游戏

说到应用程序，最不可缺的自然是能够帮助用户打发、消磨时光的游戏应用。尽管数量不多，但Windows 8操作系统中内置的游戏种类还是非常经典，只是娱乐之前需要用户手动前往Windows "应用商店"下载安装。

1 下载安装想玩的游戏

下面以弹珠台（Pinball）这款经典游戏为例来看看在Windows 8操作系统中的安装和使用。

光盘同步文件
同步视频文件：光盘\同步教学文件\第11章\11.3.2.mp4

Step 01 在Metro界面下单击"游戏"图标，如下页左图所示。

Step 02 进入"xbox游戏"应用窗口，在其中单击Pinball FX2游戏图标，如下右图所示。

Step 03 弹出游戏介绍页面，单击左方的"播放"链接，如下左图所示。

Step 04 提示需要从"应用商店"获取该游戏，单击相应的获取按钮，如下右图所示。

Step 05 自动进入Windows"应用商店"的游戏下载界面，单击"安装"按钮，如下左图所示。

Step 06 查看游戏的下载和安装过程，等待安装完成，如下右图所示。

Step 07 安装完成后返回Metro界面，即可看到新安装的游戏图标，单击进入，如下页左图所示。

Step 08 经典的弹珠游戏界面，更精彩的玩法，游戏画面如下右图所示。

2 Windows 8精彩游戏推荐

学习了在Windows 8操作系统下如何下载安装游戏后，接下来就来看看在系统"应用商店"中都有哪些精彩好玩的游戏值得一玩吧！

精彩游戏推荐1：《Robotek（机器帝国）》

这是一款带有科幻色彩的战略游戏，游戏故事从若干年后的美国开始，外星人煽动机器人起义破坏了人类社会的秩序。人类为了维护世界和平，必须从外星人手中将地球收回。玩家要做的就是部署自己的机器人，保护和提升机器军队，消灭敌人军团，游戏画面如下图所示。

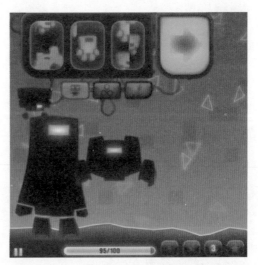

精彩游戏推荐2：《水果忍者》

这款简单的休闲游戏相信大家都不陌生，玩家的目标就是在屏幕上不断跳出的各种水果，西瓜、凤梨、猕猴桃、草莓、蓝莓、香蕉掉落之前将它们砍碎，记住不能切到炸弹，游戏画面如下页图所示。

精彩游戏推荐3：《Totemo（精灵咒语）》

这是一款消除类游戏。游戏中的主角是一个个发光小球，玩家只要用手指触摸屏幕，将小精灵从两只一起到三只一起连接在一起，使得这些小精灵们被消除掉即可，游戏画面如下图所示。

精彩游戏推荐4：《Jellyfish: Tentacle Debacle（水母进食）》

《水母进食》是一款极需技巧的游戏，玩家扮演的是一只造型可爱的水母，需要躲避开暗礁、肮脏的港口、渔船及"大"鱼，为自己寻找食物，游戏画面如下图所示。

精彩游戏推荐5：《Dredd vs. Zombies（特警判官大战僵尸）》

《特警判官大战僵尸》是一款射击游戏，游戏的内容比较简单，玩家需要扮演代表正义的特警判官，将充斥着整座城市的僵尸消灭掉，游戏画面如下图所示。

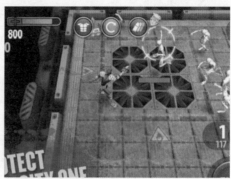

精彩游戏推荐6：《Angry Birds Star Wars（愤怒的小鸟：星球大战）》

《愤怒的小鸟：星球大战》中，两位主角变身"绝地武士鸟"和"邪恶帝国猪"，游戏背景设在神秘的银河系。玩家要扮演"绝地武士鸟"，手持光剑，打败"邪恶帝国猪"，游戏画面如下图所示。

11.3.3 使用相机工具拍照、摄像

Windows 8自带相机应用工具，可以利用电脑的摄像头拍照或者录像，还支持延时拍照，功能实用又简洁，其简单的使用方法如下。

Step 01 在Metro界面下单击"相机"工具后，单击"允许"按钮同意使用，如下页左图所示。

Step 02 正确连接摄像头设备，出现摄像画面后，可单击"摄像头选项"按钮，如下页右图所示。

Step 03 单击"更多"链接后，还可进一步调整亮度和对比度等参数，如下左图所示。

Step 04 用鼠标在屏幕上双击即可完成拍照；之后单击左方的箭头按钮即可浏览照片，如下右图所示。

11.3.4 使用"音乐"工具播放音乐

和Windows 7使用Windows Media Player不同，当用户在Windows 8中双击一首歌曲时，系统默认调用的是一款名为Music的小应用程序。该界面包括3个按钮（后退、暂停/播放、前进）以及歌曲名、播放进度等信息，允许用户触摸或者通过鼠标点击。从按钮的大小及分布来看，也是比较适合触摸的，手指的移动和点击都很方便；不过音量调节、歌词显示、歌手图片、播放循环几个功能尚未加入，界面如右图所示。

高手指点——Windows 8磁贴对"音乐"应用工具的影响

Windows 8的动态磁贴对"音乐"应用工具有着天然的吸引力，播放过程中磁贴会自动显示当前播放曲目，切换下一曲时也会及时更新。不过前提是磁贴必须处于大尺寸规格，小尺寸就没办法显示。

1 添加音乐文件

如果是在Windows 8的Metro界面下单独启用"音乐"程序，由于是初次启用，所以在出现的界面下并不会有相关的音乐文件，需要用户手动添加。下面以从SkyDrive中调取存储的音乐为例来看看具体的添加方法。

光盘同步文件

同步视频文件：光盘\同步教学文件\第11章\11.3.4（1）.mp4

Step 01 进入音乐播放窗口后，如果当前并无音乐文件可以播放，要先单击"打开或播放内容"按钮，如下左图所示。

Step 02 随后进入文件打开窗口，从"文件"下拉菜单中定位到SkyDrive，准备从此处调取音乐文件，如下右图所示。

Step 03 自动登录SkyDrive操作界面后，单击存储目录进入，如下左图所示。

Step 04 ❶右击选择要添加的音乐文件；❷单击右下方的"打开"按钮，如下右图所示。

Step 05 随后将返回音乐播放界面，单击中间耳麦图标，如下页左图所示。

Step 06 进入音乐播放窗口，在这里将显示播放进度、音乐名称等信息，如下页右图所示。

Step 07 在步骤06中单击左下方的"显示歌曲列表",可浏览所有歌曲信息,如下左图所示。

Step 08 单击"播放选项"按钮,则可对播放的方式进行设置,如下右图所示。

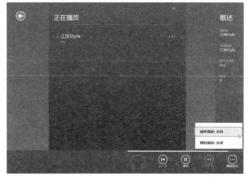

2 创建播放列表

在Windows 8音乐播放工具中,不仅可以添加自己想听的音乐,而且可以像在Windows Media Player中一样,将常播放的音乐添加到播放列表,具体操作方法如下。

 光盘同步文件

同步视频文件:光盘\同步教学文件\第11章\11.3.4(2).mp4

Step 01 在音乐播放界面下,单击"新建一个播放列表"按钮,如下左图所示。

Step 02 ❶输入播放列表名称;❷单击"保存"按钮,如下右图所示。

Step **03** 返回音乐播放界面，单击新创建的播放列表栏进入，如下左图所示。

Step **04** 单击"浏览我的专辑"链接，导入需要的音乐文件，如下右图所示。

 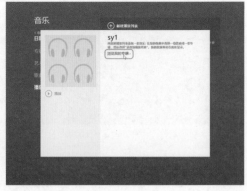

Step **05** ❶在文件浏览窗口中，定位到存储着音乐文件的目录位置，选择音乐文件；❷单击"打开"按钮，如下左图所示。

Step **06** 再次返回音乐播放界面，即可看到在界面中下方出现耳麦图标，即表示音乐文件已添加成功并已自动开始播放，如下右图所示。

③ 默认即显示本地音乐

想使用Windows 8"开始"屏幕的"音乐"应用程序，却发现里面找不到本地音乐？这是因为Windows 8中"音乐"应用程序默认只读取本地音乐库中的文件，所以需要先通过如下方法将本地音乐添加到"音乐"应用程序中。

 光盘同步文件

同步视频文件：光盘\同步教学文件\第11章\11.3.4（3）.mp4

Step **01** ❶右键单击文件资源管理器的"音乐"库目录；❷选择"属性"命令进入，如下页左图所示。

Step **02** 在弹出的"音乐属性"对话框下，单击"添加"按钮，如下页右图所示。

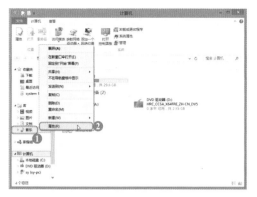 

Step 03 ❶在硬盘目录中找到存储着音乐文件的文件夹；❷单击"加入文件夹"按钮，如下左图所示。

Step 04 ❶选中新加入的音乐文件夹；❷单击"设置保存位置"按钮，如下右图所示。

提个醒——使用Windows 8"音乐"工具注意事项

该"音乐"应用工具支持后台音乐播放，播放时如果切换到Metro桌面或者传统桌面都不会对音乐播放造成影响，这也是和Windows 8中另一款多媒体"视频"工具最大的不同。

11.3.5 使用"视频"工具观看视频

以往系统中，影音文件都是由Windows Media Player统一负责的。不过在Windows 8中，视频和音频被单独划分成了Video、Music两个应用工具。如果用户在Windows 8中双击一个视频文件，就会自动激活并进入视频应用工具界面。

Video是一款典型的Metro应用程序，因此按钮被设计得十分"巨大"。除了正面的"暂停/播放"按钮外，下方则是同样不小的片名与进度条，图标的尺寸和位置恰好能让手指移动自如。在视频名称上方是一个拖曳进度条，利用它可以调整播放进度，只不过没有提供视频实时预览，仅仅是一个简单的时间提醒而已。

如果打开该应用程序后没有在主界面下找到视频文件，则需要通过如下方法来手动添加。

 光盘同步文件

同步视频文件：光盘\同步教学文件\第11章\11.3.5.mp4

Step 01 在视频播放窗口下，默认没有任何视频文件可以播放，此时单击"打开或播放内容"按钮，如下左图所示。

Step 02 在文件管理窗口下，从"文件"下拉菜单中定位到存储着视频的目录地址，比如"桌面"，如下右图所示。

Step 03 ❶在文件资源管理器中定位到视频文件后，右键单击选中该视频文件；❷单击"打开"按钮，如下页左图所示。

Step 04 随即打开视频播放窗口，在这里将全屏播放视频内容，下方会显示视频播放进度、视频名称等信息，如下页右图所示。

11.3.6　使用 "照片" 工具浏览图片

　　相比之前旧版本Windows操作系统来说，Windows 8自带的 "照片" 浏览工具在功能上强大许多，不仅可以浏览本地照片，还可以浏览存储在SkyDrive网络中的图片；另外，当用户将Windows 8电脑连接数码相机后，还可选择照片应用程序进行照片的导入。下面就以导入iPhone手机照片为例进行介绍。

 光盘同步文件

同步视频文件：光盘\同步教学文件\第11章\11.3.6.mp4

Step 01 在Metro界面下单击 "照片" 图标，如下左图所示。

Step 02 进入照片应用窗口，单击 "图片库" 图标进入，如下右图所示。

Step 03 在打开的"图片库"操作窗口下，提示未找到任何图片。由于本例是要导入设备中的图片来浏览，所以单击"导入"按钮后再单击检测到的设备名，如下左图所示。

Step 04 ❶随后Windows 8将开始检测连接的iPhone设备，并扫描检测出其中的所有照片，依次右键单击照片；❷单击右下方的"导入"按钮，如下右图所示。

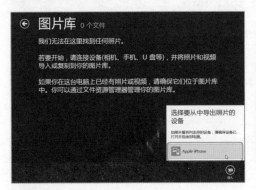

Step 05 提示正在导入设备中的图片，等待完成，如下左图所示。

Step 06 导入完成后，单击"打开文件夹"按钮，准备浏览照片，如下右图所示。

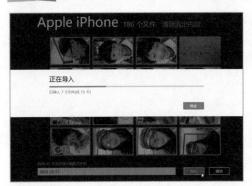

Step 07 返回"图片库"窗口后，此时界面下即会出现一个图片文件夹，单击该文件夹预览图标进入，如下左图所示。

Step 08 进入"图片预览"窗口，"照片"工具将以横版缩略图的方式，为用户呈现该文件夹下的所有照片，滑动鼠标即可切换向右浏览，如下右图所示。

Step 09 当右键单击某一张图片后，下方的工具栏上即会有相应的操作按钮出现，比如"删除"按钮等，如下左图所示。

Step 10 单击某一张缩略图即可进入全屏浏览界面，在这里可方便地通过下方的按钮实现个性定制，比如将照片设置为锁屏图片等，如下右图所示。

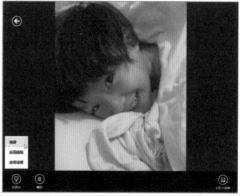

🛰 **高手指点——Windows 8"照片"应用工具的特色**

　　Windows 8"照片"应用工具凭借Metro的"沉浸式、内容即设计"等理念，为用户提供了不同于其他照片管理应用工具的浏览体验，比如可自定义背景的主屏幕无过多按钮、新的横向"情景"导航模式。

11.4 动动手——使用Windows 8日历工具

　　一款好用的日历工具应该做到这几个方面：清晰展示生活日程、方便回顾未来和过去的事件安排、新增项目清晰简洁等。Windows 8操作系统自带的日历工具，就能帮助用户实现上述应用功能。本节就给大家介绍Windows 8日历工具的一些使用方法。

光盘同步文件

同步视频文件：光盘\同步教学文件\第11章\11.4.mp4

　　Windows 8日历工具虽然简单，但可以帮助用户，起到事件提醒的作用。下面以设置某一天事件提醒为例来看看Windows 8日历工具的一些操作知识。

Step 01 在Metro界面下单击显示有日期的应用图标，如下页左图所示。

Step 02 进入日历显示界面后，可通过左下方的按钮调整日历显示的模式，如下页右图所示。

Step 03 ❶要创建重要事件的提醒，先单击某个日期；❷再单击"新建"按钮，如下左图所示。

Step 04 ❶分别设置事件提醒的日期、开始时间、持续时间等；❷输入事件标题和内容；❸单击"显示更多"链接，如下右图所示。

Step 05 ❶设置事件提醒频率、提示时间段；❷单击"保存"按钮，如下左图所示。

Step 06 返回日历界面后，在相应的日期格中即会显示出刚创建的事件提醒内容，如下右图所示。

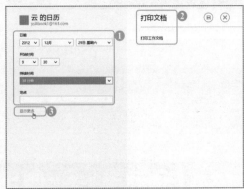

第12章
Windows 8操作系统管理与优化

本章导读	Windows 8给用户带来了全新的使用感受，同时也带来了性能上的提升。不过有不少用户在使用Windows 8时，也同样遇到了诸如文件夹缓慢、CPU占用率过高、磁盘占用过高等问题。对于未升级硬件安装Windows 8操作系统的用户而言，本章介绍的一些有关Windows 8操作系统的优化管理知识，就有必要了解和掌握一下。

本章学完后您会的技能	● 掌握关闭视觉特效的方法
	● 掌握移动临时文件夹的方法
	● 学会关闭Windows Defender
	● 学会关闭无用的开机自启动程序
	● 学会磁盘碎片整理
	● 掌握系统服务优化的方法
	● 掌握第三方优化工具的使用方法

本章实例展示效果	

12.1 调整运行环境提升系统流畅度

Windows 8以默认方式安装完成后,想要让其更好地为用户服务,一些切合实际需要的调整设置还是很有必要的。这样不仅可减少系统负荷,也能起到优化提升的效果。

12.1.1 关闭视觉特效提升软件运行速度

相比Windows 7操作系统来说,Windows 8下的界面主题似乎都已经"反璞归真",取消了Aero磨砂效果;对于一些计算机配置不高、想要预先体验一下Windows 8操作系统的用户而言,重在体验其功能使用,相关的动画效果其实就可以手动关闭了。比如要关闭视觉特效,就可按如下步骤操作。

光盘同步文件
同步视频文件:光盘\同步教学文件\第12章\12.1.1.mp4

Step 01 按Windows+X快捷键后,从弹出的快捷菜单中选择"系统"命令,如下左图所示。
Step 02 在"系统"窗口左上方,单击"高级系统设置"链接,如下右图所示。

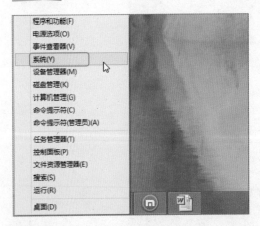

Step 03 在打开的"系统属性"对话框下的"高级"选项卡中,从"性能"选项组中单击"设置"按钮,如下页左图所示。
Step 04 ❶在"视觉效果"选项卡下,取消勾选"淡入淡出……"字样的复选框;❷单击"确定"按钮退出即可,如下页右图所示。

12.1.2 关闭磁盘碎片整理（优化驱动器）计划

用好磁盘碎片整理可以提高磁盘性能，但如果用户习惯于手动整理，那么可以关闭整理计划。

光盘同步文件
同步视频文件：光盘\同步教学文件\第12章\12.1.2.mp4

Step 01 ❶在"计算机"窗口中选择待处理驱动器；❷单击上方的"属性"按钮，如下左图所示。

Step 02 ❶在属性对话框下切换至"工具"选项卡；❷单击"优化"按钮，如下右图所示。

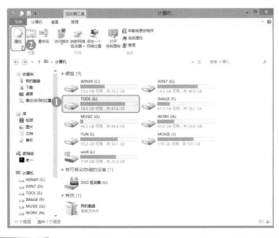 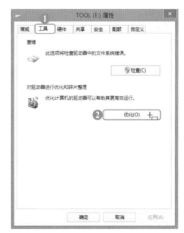

Step 03 打开"优化驱动器"窗口，单击"更改设置"按钮，如下页左图所示。

Step 04 ❶取消"按计划运行"复选框的勾选；❷单击"确定"按钮，如下页右图所示。

 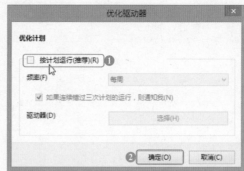

12.1.3 将临时文件夹移动到非系统盘

默认情况下Windows 8会将临时文件保存在C盘中，使用时间一长，容易使得C盘臃肿和磁盘碎片过多导致系统变慢，此时将其移动到非系统盘就可以避免这一问题，具体实现方法如下。

 光盘同步文件
同步视频文件：光盘\同步教学文件\第12章\12.1.3.mp4

Step 01 ❶在"系统属性"对话框下切换至"高级"选项卡；❷单击右下角的"环境变量"按钮，如下左图所示。

Step 02 ❶在"环境变量"对话框中选中TEMP项；❷单击"编辑"按钮，如下右图所示。

Step **03** ❶在弹出的对话框的"变量值"框中，输入非系统盘路径来存储这些临时文件；❷单击"确定"按钮，如下左图所示。

Step **04** 在返回后确认TEMP变量的值已修改成功；选中TMP变量进行相同的操作即可，如下右图所示。

高手指点——非系统盘路径的格式

在上述步骤03中出现的非系统盘路径（系统未提供选择功能），需要用户自行输入，输入的格式就是"盘符+文件夹名"。如步骤03中的路径表示的就是D盘的temp文件夹，用户根据这一格式自行修改为自己的路径即可。

12.1.4 开启 Hybrid Boot（混合启动技术）

开启Windows 8独有的混合启动技术可以让电脑启动速度飞快。该功能默认状态下是自行启动的，如果用户发现没有被启动，可按如下方法来开启。

 光盘同步文件
同步视频文件：光盘\同步教学文件\第12章\12.1.4.mp4

Step **01** 按Windows+X快捷键后，再从弹出的快捷菜单中选择"控制面板"命令，如下左图所示。

Step **02** ❶单击"控制面板"右侧的下三角按钮；❷从下拉菜单中选择"所有控制面板项"命令，如下右图所示。

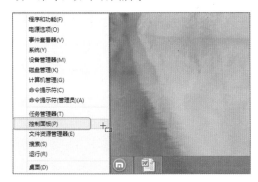
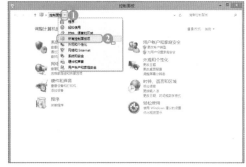

Step **03** 单击"电源选项"按钮继续，如下左图所示。

Step **04** 单击窗口左上方的"选择电源按钮的功能"链接，如下右图所示。

Step **05** 在随后弹出的"系统设置"窗口下，单击"更改当前不可用的设置"链接，如下左图所示。

Step **06** ❶在下方"关机设置"选项栏中，检查并勾选"启用快速启动"复选框；❷单击"保存修改"按钮即可，如下右图所示。

12.1.5　关闭Windows Defender提高文件打开速度

　　Windows 8中自带的杀毒软件Windows Defender虽然免除了用户再行安装杀毒软件的麻烦，而且病毒防御能力也不错，但是Windows Defender的表现却不太尽如人意。有用户就反映，这款软件的实时保护功能及自动扫描功能会导致打开文件夹（当文件夹中包含多文件时）缓慢及系统运行缓慢等现象出现。如果用户认为有更好的安全替代方法，就可通过如下两种方法将该功能关闭。

1　直接关闭法

　　该方法主要是关闭Windows Defender在Windows 8操作系统中的存在，但相关服务并未彻底禁用。该方法的具体操作步骤如下。

光盘同步文件

同步视频文件：光盘\同步教学文件\第12章\12.1.5（1）.mp4

Step 01 ❶按Windows+R快捷键，打开"运行"对话框，输入gpedit.msc；❷单击"确定"按钮，如下左图所示。

Step 02 ❶打开本地组策略编辑器，在左方切换至"本地计算机策略→计算机配置→管理模板→Windows组件"；❷双击Windows Defender，如下右图所示。

Step 03 在打开的编辑窗口中，找到并双击"关闭Windows Defender"选项，如下左图所示。

Step 04 ❶选择"已启用"单选按钮；❷单击"确定"按钮，如下右图所示。

2 彻底关闭法

该方法是先在Windows Defender软件中停用实时保护，然后再在系统服务中关闭与之对应的服务。该方法的具体操作步骤如下。

 光盘同步文件

同步视频文件：光盘\同步教学文件\第12章\12.1.5（2）.mp4

Step 01 在"所有控制面板项"窗口下,单击Windows Defender图标,如下左图所示。

Step 02 在打开的Windows Defender软件下,单击切换至"设置"选项卡,如下右图所示。

Step 03 ❶单击"实时保护"选项;❷取消"启用实时保护"复选框的勾选状态;❸单击"保存更改"按钮,如下左图所示。

Step 04 在"所有控制面板项"窗口中,单击"管理工具"图标进入,如下右图所示。

Step 05 在"管理工具"窗口下,单击"服务"选项,如下左图所示。

Step 06 在右方服务列表中,找到并双击Windows Defender Service项,如下右图所示。

 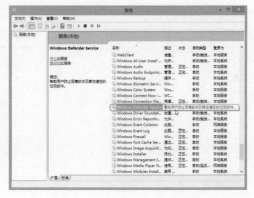

Step **07** ❶在"启动类型"下拉列表中选择"禁用"项；❷单击"确定"按钮，如下左图所示。

Step **08** 返回"服务"窗口，即可看到该服务已处于禁用状态，如下右图所示。

提个醒——关闭Windows Defender的操作考虑

没有安装其他杀毒软件的用户，为了安全起见，建议不要关闭Windows Defender。另外，有用户认为自己安装的安全软件中已带有防火墙功能，所以可以将Windows 8自带的防火墙功能关闭，其实这是错误的。因为在Windows 8下关闭系统自带防火墙将导致"应用商店"里的程序无法安装。

12.1.6 关闭Windows Search降低硬盘使用率

Windows Search用于为文件、电子邮件和其他内容提供内容索引、属性缓存和搜索结果。简单地说，就是可以加快用户的文件搜索速度，不过Windows Search会利用计算机的空闲时间段来建立索引，从而导致磁盘使用率的飙升。对于搜索文件速度要求不高的用户，可以关闭它，具体操作步骤如下。

 光盘同步文件

同步视频文件：光盘\同步教学文件\第12章\12.1.6.mp4

Step **01** 按快捷键Windows+X后，从弹出的快捷菜单中选择"计算机管理"命令进入，如下页左图所示。

Step **02** 在"计算机管理"窗口左方，单击"服务和应用程序"下的"服务"项，如下页右图所示。

Step 03 在中间服务列表中找到并双击Windows Search服务项，如下左图所示。

Step 04 ❶将启动类型修改为"禁用"；❷单击"确定"按钮即可，如下右图所示。

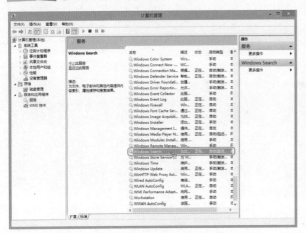 

Q&A 提个醒——关闭Windows Search的影响

需要注意的是，如果关闭Windows Search服务，将导致搜索文件速度变慢；不过，用户可以选择用其他效率较高的文件搜索工具来替代，比如Everything等。

12.1.7 关闭无须开机自启动的程序

开机自启动程序虽然能在一定程度上提升操作效率，但实际上更多时候却在拖慢系统的启动速度，得不偿失。因此，除了一些开机必备或是常用的程序外，其他无关的自启动程序建议将其关闭。

Windows 8的自启动程序管理在任务管理器中，所以要关闭自启动程序，先右键单击任务栏，从中选择"任务管理器"命令，进入"任务管理器"窗口后，在"启动"

选项卡下就可选择并禁用一些不相关的程序项，如下图所示。

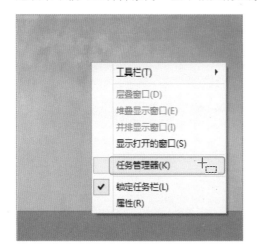

12.1.8 关闭任务计划中隐藏的自启动程序

在任务计划管理器中可以查看到一些依据计划（如依据某些条件），某个时刻等满足条件时自动运行的程序。但是，目前有些软件会偷偷地将其放入其中以便自动运行。所以优化自启动程序的另一操作，就是在任务计划中去检查和关闭，具体操作步骤如下。

 光盘同步文件

同步视频文件：光盘\同步教学文件\第12章\12.1.8.mp4

Step 01 进入控制面板后单击"管理工具"图标，操作如下左图所示。

Step 02 随后在"管理工具"窗口中，找到并双击"任务计划程序"项进入，如下右图所示。

Step **03** ❶在打开的"任务计划程序"窗口中间，选择要操作的任务项；❷单击右下方的"禁用"按钮，即可实现关闭，如下左图所示。

Step **04** 实施关闭操作后，在中间任务列表框中，可以看到禁用的状态标识。同时，右下方也会同时出现"启用"的可用选项，如下右图所示。

12.2 管理和优化Windows 8操作系统

在前面章节中涉及了有关Windows 8操作系统的一些优化调整操作，本节来看看在这个新系统中还可以实现哪些具体点的优化管理措施。之前在Windows 7操作系统下的磁盘碎片整理、系统服务管理等优化操作，实际上在Windows 8操作系统下也是可以同样实施的。

12.2.1 实施磁盘碎片整理

磁盘碎片整理，就是通过系统软件或者专业的磁盘碎片整理软件对电脑磁盘在长期使用过程中产生的碎片和凌乱文件重新整理，释放出更多的磁盘空间，可提高电脑的整体性能和运行速度。

Windows 8操作系统同样内置了磁盘碎片整理程序，只是名称发生了变化，称为"优化驱动器"。那么，如何在Windows 8中启动并使用该功能呢？下面将进行具体介绍。

 光盘同步文件
同步视频文件：光盘\同步教学文件\第12章\12.2.1.mp4

Step **01** ❶在"计算机"窗口中选中系统所在分区；❷切换至"管理"选项卡；❸单击"优化"按钮，如下页左图所示。

Step **02** ❶选中要整理的磁盘分区；❷单击"分析"按钮，如下页右图所示。

Step **03** 此时优化驱动器程序将开始对选中的磁盘分区进行预处理，如下左图所示。

Step **04** 完成后再单击"优化"按钮，即可开始磁盘碎片整理，如下右图所示。

高手指点——磁盘碎片的产生原因

当应用程序所需的物理内存不足时，一般操作系统会在硬盘中产生临时交换文件，用该文件所占用的硬盘空间虚拟成内存。虚拟内存管理程序对硬盘频繁读写会产生大量的碎片，这是产生硬盘碎片的主要原因。

12.2.2 Windows 8操作系统服务优化方法

Windows 8操作系统在开机时和之前的系统版本一样，同样会加载许多系统服务。虽然这些服务功能强大，但普通用户可能并不会用到，那么就可以有选择地关闭这些服务，从而达到有效节省系统资源的目的。比如，如果用户电脑没有连接打印机，那么可以选择禁用Print Spooler服务等。那么，有哪些系统服务可以放心地禁用呢？下面为大家列举。

● Application Layer Gateway Service：Windows XP/Vista/7中也有该服务，作用也差不多，是系统自带防火墙和开启ICS共享上网的依赖服务，如果装有第三方防火墙且不需要用ICS方式共享上网，完全可以禁用掉。

- Application Management：该服务默认的运行方式为手动，该功能主要适用于大型企业环境下的集中管理，因此家庭用户可以放心禁用该服务。
- BitLocker Drive Encryption Service：向用户接口提供Bit Locker客户端服务并且自动对数据卷解锁。该服务的默认运行方式是手动，如果用户没有使用Bit Locker设备，该功能就可以放心禁用。
- Bluetooth Support Service：如果没有使用蓝牙设备，该功能就可以放心禁用。
- Certificate Propagation：为智能卡提供证书，该服务的默认运行方式是手动。如果没有使用智能卡，可以放心禁用该服务。
- CNG Key Isolation：不使用自动有线网络配置和无线网络的可以关掉。
- Computer Browser：如果没有使用局域网或者根本不想使用局域网，该功能就可以放心禁用。
- Diagnostic Policy Service：为Windows组件提供诊断支持。该服务的默认运行方式是自动，如果该服务停止了，系统诊断工具将无法正常运行，任何依赖该服务的其他服务都将无法正常运行。要靠它帮忙找到故障的原因，只有1%的情况下它会帮忙修复Internet断线的问题，可以关掉。
- Diagnostic Service Host：这就是帮上面Diagnostic Policy Service做具体事情的服务，会随着上面的服务启动，可以关掉。
- Diagnostic System Host：基本和Diagnostic Policy Service/Diagnostic Service Host是同类服务，可以一起关掉。
- Distributed Link Tracking Client：该功能一般用不上，完全可以放心禁用。
- Fax：利用计算机或网络上的可用传真资源发送和接收传真。如果不用传真，可以禁用该服务。
- Home Group Listener：为家庭群组提供接收服务，该服务的默认运行方式是手动，如果不使用家庭群组来共享图片视频及文档，那么该服务可以禁用。
- Home Group Provider：为家庭群组提供网络服务，该服务的默认运行方式是自动，如果不使用家庭群组来共享图片视频及文档，那么该服务可以禁用。
- Human Interface Device Access：如果不用游戏手柄等，可以关掉该服务。
- IKE and AuthIP IPSec Keying Modules：不用VPN或用第三方VPN拨号，可以禁用该服务。
- Internet Connection Sharing (ICS)：如果不打算让这台计算机充当ICS主机，那么该服务可以禁用；否则需要启用。
- Microsoft iSCSI Initiator Service：如果本机没有iSCSI设备，也不需要连接和访问远程iSCSI设备，可以设置成禁用。
- Microsoft Software Shadow Copy Provider：卷影复制，如果不需要，就可以设为禁用。
- Offline Files：脱机文件服务，使用该功能系统会将网络上的共享内容在本地进行缓存，可以放心禁用。

- Peer Name Resolution Protocol/ Peer Networking Grouping / Peer：如果不尝试WCF的P2P功能或开发，那么可以关掉。
- Portable Device Enumerator Service：用来让Windows Media Player和移动媒体播放器（比如MP3）进行数据和时钟同步。如不需要同步，建议关闭。
- Print Spooler：将文件加载到内存供稍后打印。打印服务，可以关掉。
- Remote Registry：家庭个人用户最好禁用此服务。
- Routing and Remote Access：在局域网以及广域网环境中为企业提供路由服务。提供路由服务的，不用就关掉。
- Secondary Logon：允许一台机器同时有两个用户登录，个人应用基本不需要。
- Shell Hardware Detection：如果不喜欢自动播放功能，那么设置成手动或禁用。
- Smart Card/ Smart Card Removal Policy：如果没有使用Smart Card，建议设置成禁用。
- Tablet PC Input Service：启用Tablet PC笔和墨迹功能，如果非Table PC及不使用于写板，就可以关掉该服务。

提个醒——什么是系统服务？

服务是系统用以执行指定系统功能的程序或进程，其功用是支持其他应用程序，一般在后台运行。与用户运行的程序相比，服务不会出现程序窗口或对话框，只有在任务管理器中才能观察到它们的身影。

12.2.3 删除Windows.old文件夹释放C盘空间

如果通过执行自定义安装来安装Windows 8，而没有在安装过程中格式化分区，则以前版本的Windows中使用的文件存储在Windows.old文件夹中。使用Windows 8达到一定时间（例如一周或两周）后，这个文件夹也将会占用更多的磁盘空间。如果用户确信当前文件和设置已返回到自己希望的位置，就可以通过如下方法删除Windows.old文件夹来安全地回收磁盘空间。

1 命令行删除法

该方法就是在命令提示符窗口中，输入rd X:windows.old/s（X代表盘符）来删除，如下图所示。

2 窗口功能删除法

该方法即是传统的磁盘清理方法，通过如下步骤操作即可。

光盘同步文件

同步视频文件：光盘\同步教学文件\第12章\12.2.3.mp4

Step 01 ①在"计算机"窗口中选中系统所在分区；②切换至"管理"选项卡；③单击"清理"按钮，如下左图所示。

Step 02 ①在磁盘清理操作对话框中，要清理的文件类型中勾选所有复选框；②单击"确定"按钮，即可开始清理，如下右图所示。

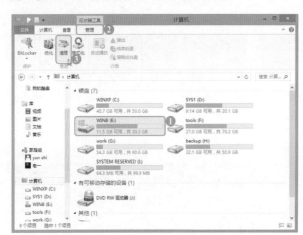

12.2.4 安装Windows 8优化大师

用户也可以通过安装第三方优化工具来实现对Windows 8操作系统进行更为全面的优化调整，比如当前比较常用的"Windows 8优化大师"就是其中一款。下面就来看看这款软件的一些基本使用操作。

1 软件下载安装

"Windows 8优化大师"可以直接登录其官网下载最新版本，软件官网如下图所示。这款软件包含了Windows 8安全加固、Windows 8个性设置、Windows 8网络优化、Windows 8开机加速、Windows 8易用性改善5项经典功能，可以轻松把Windows 8调节至最佳使用状态。

2 使用优化调节向导

　　"Windows 8优化大师"带有一套很智能的优化调节向导。用户通过该向导，即可一键完成对系统所有的优化操作，具体实施步骤如下。

光盘同步文件

同步视频文件：光盘\同步教学文件\第12章\12.2.4.mp4

Step 01 ❶在"安全加固"向导界面中调整相关优化选项；❷单击"下一步"按钮继续，如下左图所示。

Step 02 ❶在"个性设置"向导界面中调整相关优化选项；❷单击"下一步"按钮，如下右图所示。

 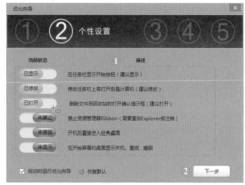

Step 03 ❶在"网络优化"向导界面中调整相关优化选项；❷单击"下一步"按钮，如下左图所示。

Step 04 ❶在"开机加速"向导界面中调整相关优化选项；❷单击"下一步"按钮，如下右图所示。

 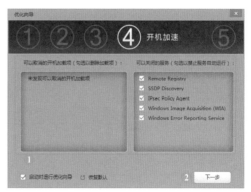

Step 05 ❶在"易用性改善"向导界面中调整相关优化选项；❷单击"下一步"按钮，如下页左图所示。

Step 06 单击"完成"按钮，退出即可，如下页右图所示。

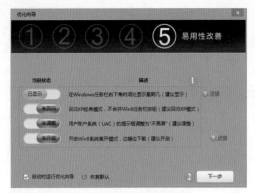 

3 使用软件进行手动优化

优化向导模式是为用户提供了一种便捷的一键式优化，如果用户希望根据自己的实际使用情况或是想看看这款软件还有哪些优化管理功能，就可以进行手动的优化操作。除了之前介绍的优化向导外，Windows 8优化大师还为用户提供了八大手动优化功能，包括右键菜单管理、应用缓存清理等，如下图所示。单击图标即可进入优化操作界面，整个软件的界面设计也和Windows 8的Metro风格相符。

也有一些优化功能实际上替用户做了快捷方式。比如对于桌面图标的优化整理、开始屏幕的换色或换背景等，因为这些优化项Windows 8操作系统也都有自带，如下图所示。

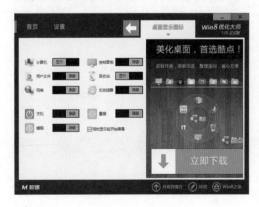 

优化也意味着清理，Windows 8优化大师对应用缓存的清理还是非常不错的。此外，像按Windows+X键这样打开的命令菜单，Windows 8优化大师也提供了对其的定制功能，可以将平时经常使用的一些功能命令添加进来。相关界面示意如下图所示。

12.3 动动手——更改系统服务属性加快启动速度

通过修改系统服务的一些属性来提升系统的运行效率，这在之前的一些章节中已经有所接触。这里要介绍的是通过更改Superfetch服务的启动类型来达到加快启动速度的目的。

光盘同步文件

同步视频文件：光盘\同步教学文件\第12章\12.3.mp4

Superfetch即"超级预读取"，在系统刚启动完毕并加载此服务后，可能会导致系统有卡顿的现象。为加快启动速度，可先进入系统"服务"窗口找到名为Superfetch的服务；双击打开后将其启动类型修改为"自动（延迟启动）"即可，如下图所示。

第13章

Windows 8使用
技巧与故障排除

本 章 导 读	对于一些初使用Windows 8的用户而言，新系统在带给他们惊喜的同时，其实也在带给他们更多的使用疑问。这个新系统是否也有一些使用技巧，可以运用起来为应用服务？平常遇到的一些操作疑难，又该如何解决？面对新用户的这些使用问题，本章准备的内容就是为大家解决这些问题的。

本章学完后 您会的技能	● 学会解决虚拟机安装Windows 8的问题 ● 学会安装Windows 8双系统 ● 学会快速实现Windows 8关机的方法 ● 学会Windows 8常用快捷键的使用方法 ● 学会隐藏文件资源管理器Ribbon工具栏的 　 方法 ● 学会解决Windows 8运行缓慢的问题 ● 学会更改"应用商店"默认安装位置

本 章 实 例 展 示 效 果		

13.1 Windows 8使用技巧

在本节中，将向大家介绍与系统安装、Windows 8桌面窗口操作、个性化调整和用户账户等应用相关的技巧。

13.1.1 用Windows To Go把Windows 8装进U盘

Windows To Go能让用户把系统装进U盘里面随身携带，在任何一台支持从USB启动的电脑上运行属于自己的系统。用户可以从一个已经安装好的企业版Windows 8操作系统中找到系统自带的Windows To Go安装向导，不过只能支持32GB以上的U盘。如果当前使用的不是企业版Windows 8也没关系，还可以下载Windows To Go辅助工具来实现同样的应用目标，如下图所示。

高手指点——在U盘运行Windows 8的特点

使用Windows To Go U盘，用户可以访问他们的Windows 8桌面和应用程序，以及存储在远程文件共享中心和这个U盘上的数据。因为它使用的是本地运算资源，Windows To Go中的Windows速度非常快，所以依赖于系统性能的应用程序也能良好地运行。

用企业版Windows 8创建Windows To Go U盘非常简单，首先准备好一个映像和一个容量不小于32GB的高速U盘，然后打开Windows To Go向导，按如下流程操作即可完成。

Step 01 ❶选择当前使用的U盘名称；❷单击Next按钮，如下页左图所示。
Step 02 ❶选择Windows 8安装映像文件；❷单击Next按钮，如下页右图所示。

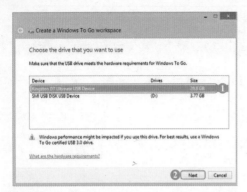 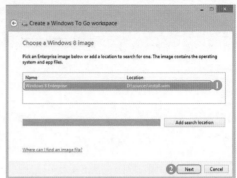

Step 03 提示可开始创建Windows To Go磁盘，单击Create按钮，如下左图所示。
Step 04 提示是否用BitLocker加密Windows To Go U盘，单击Skip按钮跳过，如下右图所示。

Step 05 提示正在进行U盘分区和格式化，等待完成，如下左图所示。
Step 06 随后即开始制作Windows8操作系统，需要等待较长的时间才能完成，如下右图所示。

 高手指点——Windows To Go系统能完成哪些工作

　　正确设置好后，Windows To Go系统跟其他Windows PC系统一样，只不过它是在U盘里运行的。用户可以看到眼熟的"开始"屏幕，可以使用Windows 8附带的Windows"应用商店"，还可以使用这个映像里预装的任何软件。

13.1.2 利用虚拟机安装Windows 8

如果只是试用尝鲜，又不想破坏现有的系统环境，那么利用虚拟机安装运行Windows 8就是不错的方法。目前可供使用的虚拟机软件有很多，本小节将主要利用VirtualBox来介绍安装过程。VirtualBox是一款开源虚拟机软件，使用者可以在VirtualBox上安装并执行Solaris、Windows、DOS、Linux、OS/2 Warp、BSD等系统作为客户端操作系统。

在VirtualBox上安装Windows 8的具体操作步骤如下。

 光盘同步文件

同步视频文件：光盘\同步教学文件\第13章\13.1.2.mp4

Step 01 ❶单击"新建"按钮；❷输入windows 8；❸单击"下一步"按钮，如下左图所示。

Step 02 ❶指定虚拟电脑可用内存（不超过物理内存50%）；❷单击"下一步"按钮，如下右图所示。

 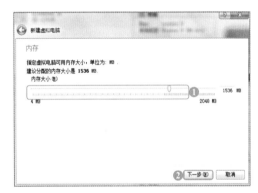

Step 03 ❶选择"创建新的虚拟硬盘"单选按钮；❷单击"下一步"按钮，如下左图所示。

Step 04 ❶选择VDI（VirtualBox Disk Image）单选按钮；❷单击"下一步"按钮，如下右图所示。

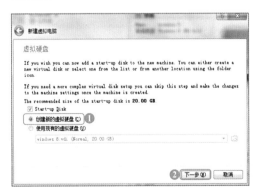 

Step **05** ❶选择Dynamically allocated单选按钮；❷单击"下一步"按钮，如下左图所示。

Step **06** ❶设置Windows 8虚拟硬盘大小；❷单击"文件夹"按钮，定位映像文件位置；❸单击"下一步"按钮，如下右图所示。

 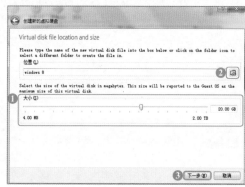

 高手指点——全面认识VirtualBox

　　VirtualBox号称是最强的免费虚拟机软件，它不但具有丰富的特色，而且性能也很优异。可虚拟的系统包括Windows（从Windows 3.1到Windows 8为止，所有的Windows操作系统都支持）、Mac OS X（32bit和64bit都支持）、Linux（2.4和2.6）、OpenBSD、Solaris，甚至Android 4.0等操作系统。

Step **07** ❶从硬盘位置选择安装映像文件；❷单击"保存"按钮，如下左图所示。

Step **08** 提示已完成新的虚拟硬盘的创建，单击Create按钮，如下右图所示。

Step **09** ❶自动转入虚拟硬盘设置界面，切换至"系统"选项；❷在"处理器"选项卡下设置"CPU数量"为2，如下页左图所示。

Step **10** ❶切换至Storage选项；❷选中Windows 8安装映像文件；❸单击"确定"按钮，即可启动安装，如下页右图所示。

提个醒——VirtualBox的配置注意事项

在VirtualBox中创建新的虚拟硬盘后，接下来的重要工作就是为该虚拟系统配置一个良好的运行环境。配置的方向大致有：显示参数、处理器参数以及网络参数，这是系统运行的基础，需要用户根据当前电脑的实际硬件配置，做出折中的配置修改。

13.1.3 安装Windows 7和Windows 8双系统

虚拟机安装Windows 8操作系统需要当前电脑有不错的硬件配置，这对于一般配置的电脑而言，会比较难于启动和运行。最好的办法当然是安装Windows 7和Windows 8双系统，方法如下。

Step 01 如果是安装双系统，那么一定要运行安装光盘sources文件夹下的setup.exe；安装过程中要注意选择"自定义"，然后再选择将Windows 8系统安装到指定的磁盘分区中，如下图所示。

Step 02 待安装完成重新启动后，由于同时安装有Windows 7操作系统，所以在启动时会提示默认启动Windows 7还是Windows 8。如果希望电脑默认启动的是Windows 7操作系统，那么

就选择进入Windows 7，然后调出系统配置程序，在"引导"选项卡下将Windows 7设置为默认值即可，如下图所示。

13.1.4 Windows 8锁屏操作相关技巧

当电脑启动之后，用户将首先看到Windows 8的锁屏界面，每当系统启动、恢复或登录的时候，锁屏就会出现。如果用户使用的是触摸屏设备，那么用手指一扫，然后输入密码就可以登录系统。如果不是触摸屏设备，那么用鼠标点击之后就能够登录系统。Windows 8锁屏及登录示意如下图所示。

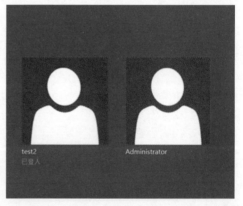

13.1.5 用Microsoft账户实现应用共享安装

在Windows 8中用户接触到了Windows Store的概念，用户的一个微软账户可以在5台Windows 8电脑上下载安装应用程序，并且可以在这5台电脑上进行管理。那么，用户如果当前处于其他电脑上，又该如何安装共享的应用程序呢？

Step 01 在Metro界面上启动进入Windows "应用商店"，然后从屏幕上边缘向下轻扫（或是单击鼠标右键），从上方工具栏中单击"你的应用"按钮后，即可看到当前已同步的Metro应用程序；单击选中，安装即可，如下页图所示。

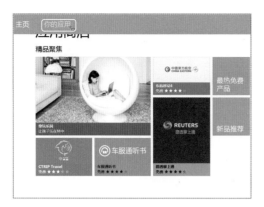

Step 02 当同步应用程序安装完成后，在异地其他电脑的Metro界面下，就可以看到并使用这个应用程序了，如下图所示。微软账户能够同步设置，Metro应用的好处也就在于此，即可以帮助用户快速地在其他安装有Windows 8的电脑上调用自己的数据或是应用工具。

13.1.6 快速运行应用程序

按住Windows键或者Windows+F快捷键，打开"搜索"窗口，然后输入程序的名称，就可以打开指定的应用程序，操作如下图所示。

13.1.7 快速实现关机或休眠

最快速的关机方式就是通过一个合适的快捷方式来完成。在Windows 8操作系统下，用户可通过如下方法来完成这个关机快捷方式的创建。

Step 01 右键单击Windows 8传统桌面上的空白区域，从快捷菜单中依次选择"新建→快捷方式"命令；随后再输入如下相关命令行，如下图所示。

- 输入shutdown.exe −s −t 00，表示关闭计算机。
- 输入shutdown.exe −h −t 00，表示休眠计算机。

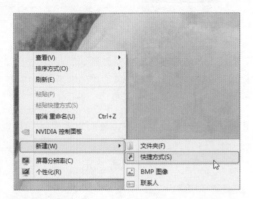

Step 02 为快捷方式命名即表示创建完成了。当需要快速执行操作时，用户只需在桌面上双击这些快捷方式，即可实现快速关闭或休眠，如下图所示。

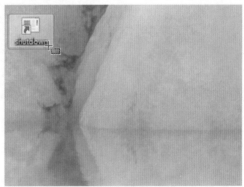

13.1.8 用U盘快速备份文件历史

文件历史记录会自动备份位于库、联系人、收藏夹、Microsoft SkyDrive中以及桌面上的文件。如果原始文件丢失、损坏或被删除，用户就可以利用此备份来将其全部还原；用户还可以在这个备份中查找文件在特定时间点的不同版本。初次使用，需要先进入控制面板，开启此项服务，具体操作步骤如下。

光盘同步文件
同步视频文件：光盘\同步教学文件\第13章\13.1.8.mp4

Step 01 在"控制面板"中的"系统和安全"下，单击"文件历史记录"下方的第一个链接项，如下页左图所示。

Step 02 在打开的设置窗口中,单击"启用"按钮,如下右图所示。

Step 03 开启该功能后再插入U盘,确认后即会进行第一次的保存工作,如下左图所示。

Step 04 待保存完成,即可根据提示进入U盘相应目录中查看,如下右图所示。

提个醒——"文件历史记录"功能的配置注意

开始使用"文件历史记录"功能备份文件之前,用户需要先设置用于保存文件的驱动器。通常的建议是:使用外部驱动器或网络位置,以防止文件损坏或其他电脑问题。

13.1.9 Windows 8搜索快捷键技巧

Windows 8操作系统的"搜索"功能丰富、强大且非常方便,除了在Charm工具栏中直接调出搜索菜单之外,用户还可以通过如下与Windows键相关的一些快捷键来实现搜索功能。

● Windows+F键——直接进入"文件"搜索。

● Windows+W键——直接进入"设置"搜索。

● Windows+Q键——直接进入"应用"搜索。

> **高手指点——Windows 8 "应用商店"搜索技巧**
>
> 在Windows 8 "应用商店"中按Windows+F快捷键，或者在Windows 8搜索界面中单击搜索框下方的"应用商店"分类，可以在"应用商店"中按关键字搜索相关的应用。

13.1.10 让Windows 8快捷菜单具备关机命令

使用完Windows 8操作系统要关机时，用户才发现没有以前的Windows操作系统那么方便——需要先通过右下角轻扫的办法才能调出菜单，还要进一步选择才能完成关机操作。下面就为大家介绍另一种快速关机方法：将关机命令加入右键菜单中。

Step **01** 在Windows传统桌面空白处单击鼠标右键，从快捷菜单中选择"新建→文本文档"命令（见下左图）；然后粘贴如下一组代码到编辑框中（见下右图）；最后将该文本文档保存后重命名为Shutdown.vbs。

```
dim objshell
    set objshell =CreateObject("shell.application")
    objshell.ShutdownWindows
    Set objShell = nothing
```

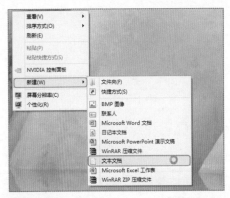

Step **02** 按上述方法再打开"记事本"软件，粘贴上第二段代码；保存后重命名为reg.reg。

```
Windows Registry Editor Version 5.00
[HKEY_CLASSES_ROOT\Directory\Background\shell\SuperHidden]
@="关闭 Windows 8"
[HKEY_CLASSES_ROOT\Directory\Background\shell\SuperHidden\Command]
@="WScript.exe C:\Windows\Shutdown.vbs"
```

Step **03** 将刚创建的"Shutdown.vbs"文件拖放到C:\Windows目录下保存；然后双击执行reg.reg文件；当看到如下页图所示的提示信息后，即表示设置完成。此时，Windows 8操作系统的快捷菜单也就具备快捷关机的命令了。

13.1.11 快速重启文件管理器的方法

explorer.exe（文件资源管理器主程序）是Windows 8操作系统中的一个重要程序，可是有时会有一些小意外导致其停止响应，如何使其快速重启呢？方法如下。

 光盘同步文件

同步视频文件：光盘\同步教学文件\第13章\13.1.11.mp4

Step 01 从桌面快捷菜单中依次单击"新建→快捷方式"命令，如下左图所示。

Step 02 ❶输入%windir%\explorer.exe；❷单击"下一步"按钮，如下右图所示。

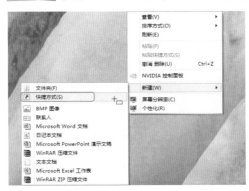 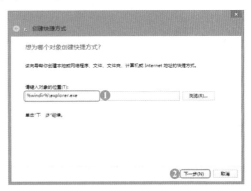

Step 03 ❶将此快捷方式命名为e；❷单击"完成"按钮，如下左图所示。

Step 04 从桌面选中该快捷方式，将其拖放保存至系统所在分区的Windows目录，如下右图所示。

 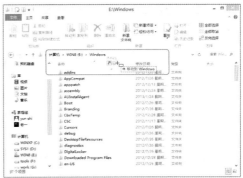

Step 05 提示需要管理权限，单击"继续"按钮完成，如下左图所示。

Step 06 以后要快速重启文件管理器，只要在任务管理器里运行名为e的任务即可，如下右图所示。

13.1.12 开启"增强保护模式"享用64位IE 10

微软Windows 8操作系统的IE 10浏览器分为Metro版和桌面版，细心用户会发现64位的Windows 8操作系统中，微软只允许Modem UI版IE 10以64位版运行，传统桌面的IE 10无法使用64位的版本。难道，Windows 8传统桌面下就无法使用64位的IE 10浏览器了吗？

当然不是。只要用户在"Internet选项"对话框的"高级"选项卡下勾选"启用增强保护模式"复选框，传统桌面版IE 10即会默认以64位模式运行，如下图所示。

13.1.13 让IE浏览器正常运行所有Flash内容

为了让Windows 8与Windows RT用户获得更安全的浏览保护，微软对IE浏览器中对Flash内容的访问做了相应的限制，只有在微软白名单上的可信网站才能在IE浏览器中正常运行Flash内容。这样虽然可以更好地保护用户电脑的安全，但也给浏览网站带来一定不便。例如浏览一些不知名的网站时，若该网站是使用Flash开发的则直接无法打开。

此时，可以通过修改本地白名单文件的方法来实现让任意网站都可打开Flash内容，具体操作方法如下。

光盘同步文件

同步视频文件：光盘\同步教学文件\第13章\13.1.13.mp4

Step 01 ❶在IE浏览器上方单击"工具"按钮；❷选择"兼容性视图设置"命令，如下左图所示。

Step 02 ❶取消对"从Microsoft下载更新的兼容性列表"的勾选；❷单击"关闭"按钮，如下右图所示。

Step 03 ❶在文件管理器中输入地址：%HOMEPATH%\AppData\Local\Microsoft\Internet Explorer\IECompatData\；❷右击路径下的文件；❸从快捷菜单中选择"打开方式→记事本"命令，如下左图所示。

Step 04 下拉到文件末端，以网址的形式添加需要的网站网址；如果有多个网址，可按格式逐行添加，如下右图所示。

提个醒——设置的后续操作

经过上述步骤04完成相关网址的添加后，再按Ctrl+S快捷键保存退出，记得还要手动清除一下IE浏览器中的浏览历史记录（在IE浏览器中按Windows+I快捷键打开"设置"窗口，然后在"Internet选项"对话框中单击"删除"按钮即可），随后就可以尽情地访问任何网站的Flash内容了。

13.1.14 设置IE浏览器网页字体为微软雅黑

因为IE浏览器的纯文本字体选择列表框中没有"微软雅黑"这项字体，所以如果有必要，就需要通过一些方法来让IE的网页字体和纯文本字体（发帖的输入框等场合所使用的字体）同时设置为微软雅黑，具体实现方法如下。

Step 01 按Windows+R快捷键，打开"运行"对话框，输入regedit，打开注册表编辑器。

Step 02 展开至HKEY_CURRENT_USER/Software/Microsoft/Internet Explorer/International/Scripts，随后在左方目录区能看到很多个以数字命名的项目，通常情况下26是简体中文，25是繁体中文，24是日文。单击26，进去后将右侧IEFixedFontName的数值数据改为所对应需要的字体名称即可。IEPropFontName对应的为网页字体，也可以在这里进行修改，如下图所示。

13.1.15 让"开始"菜单重新开始

Windows 8去除了传统的"开始"菜单，让不少用惯"开始"菜单的用户感觉不太习惯，比如想使用Windows附件（如计算器等）就比较麻烦。下面介绍一个方法，可以调出一个类似于"开始"菜单的菜单，同时又不会影响"开始"屏幕。

Step 01 ❶右键单击屏幕下方状态栏；❷从快捷菜单中选择"工具栏→新建工具栏"命令，如下页左图所示。

Step 02 ❶浏览找到路径"C:\ProgramData\Microsoft\Windows\「开始」菜单\程序"；❷单击"选择文件夹"按钮，如下页中图所示。

Step 03 设置后，在任务栏就会出现一个程序选项，单击其右侧的双箭头按钮，就可以看到一个"开始"菜单，示意如下右图所示。

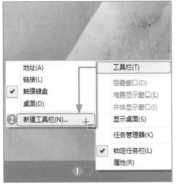  

13.2 管理Windows 8应用程序

在使用Windows 8的过程中，由于是新系统，使用时难免会碰到一些疑难之处。初学者由于找不到解决办法往往甚为苦恼。本节精选了用户经常会遇到的一些Windows 8使用问题，同时附上了相应的问题解决方法。

13.2.1 为何用虚拟机安装Windows 8会失败

如果是在虚拟机中安装Windows 8，那么用户很有可能会遇到一些问题，例如VMware Workstation 7无法顺利完成任务、微软自己的虚拟PC和虚拟服务器也运行失败等。根据目前的情况来看，用户的最佳选择就是运行最新版本的VirtualBox来实施虚拟安装Windows 8；Mac系统上的VMware Workstation 8和Parallels 7也可正常工作，界面示意如下图所示。

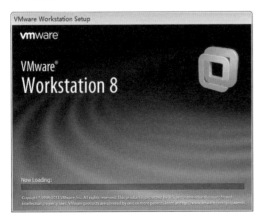 

13.2.2 如何彻底关闭打开的应用程序

Metro应用程序不包含一个"关闭"按钮，其实这是微软的特殊设计，当运行另外一个应用程序的时候，当前的应用程序就会被挂起；当资源不足时，系统就会自动关闭这个应用程序。当然，用户也可以手动关闭应用程序，按Ctrl+Alt+Esc快捷键，打开任务管理器；在"进程"选项卡下，通过右键菜单或右下方的"结束任务"按钮，均可终止不需要的任务，如下图所示。

13.2.3 如何快速启动传统IE窗口

在Windows 8操作系统的Metro界面下，单击Internet Explorer图标，一个全屏版的Metro风格的IE 10浏览器就会出现。它是一个触摸式、界面友好的浏览器，鼠标用户当然也有一些优势：右击即可将网站固定到Metro屏幕中、打开一个新的浏览器页面或切换到旧页面等。当然，如果用户喜爱的是旧式IE界面，那么只需在桌面中启动IE浏览器，或者是按Windows+1快捷键即可。

13.2.4 Windows 8还有哪些快捷键可以使用

虽然Windows Metro用户界面主要是针对触摸屏设计的，但是它同样也支持大多数的旧Windows快捷键。下面总结了一些常用的快捷键。

- Windows+C：显示Charm工具栏，如设置、设备、共享和搜索等选项。
- Windows+D：启动桌面。
- Windows+E：启动资源管理器。
- Windows+F：打开搜索。
- Windows+I：打开设置。
- Windows+L：锁定用户电脑。
- Windows+P：将用户显示器切换到第二显示器或投影仪。
- Windows+R：打开"运行"对话框。
- Windows+U：打开轻松访问中心。
- Windows+W：搜索系统设置。
- Windows+Z：当打开一个全屏Metro应用程序时，显示右键上下文菜单。
- Windows++：放大。
- Windows+−：缩小。

13.2.5 如何隐藏Windows 8文件管理器Ribbon用户界面

如果用户觉得Ribbon占用了太大的空间，以下就是隐藏Ribbon的方法。

Step 01 按Windows+R快捷键，输入gpedit.msc，按Enter键后，先在左方配置选项中依次单击进入"计算机配置→管理模板→Windows组件→文件资源管理器"，如下左图所示。

Step 02 在右方找到并双击"以功能区最小化的显示方式启动文件资源管理器"项，打开配置窗口后选中"已启用"单选按钮即可，如下右图所示。

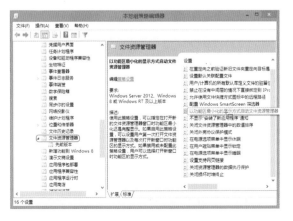 

13.2.6 为何Windows 8操作系统运行缓慢

　　如果用户觉得Windows 8操作系统运行缓慢，但又不知道是何原因，那么新的任务管理器很有可能帮助您解决问题。具体做法就是可在任务管理器的"进程"选项卡下，查看各项进程使用CPU时间、内存、硬盘驱动器和网络带宽的详细视图；"性能"选项卡下则会为用户显示资源使用的图形视图，而"应用历史记录"选项卡下的信息则会为用户显示哪个应用程序是最消耗资源的，如下图所示。如此一来，即可轻松找到导致当前系统运行缓慢的原因。

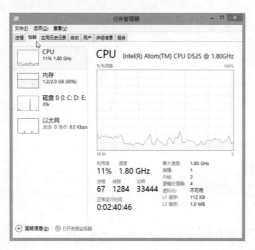 

13.2.7 为何Metro应用程序无法启动

　　如果用户单击某个Metro应用程序却无法启动，这很可能是因为显示问题造成的。据悉，Metro应用程序当前是不支持低于1024×768的屏幕分辨率的，因此用户应该尽可能地增加自己的屏幕分辨率。如果还是不行，那么就更新一下显示适配器的硬件驱动，如下图所示。

高手指点——造成Metro应用程序无法启动的其他原因

> 用户账户问题也是常见的导致Metro应用程序无法启动的原因，尝试通过不同的电子邮件地址去创建一个新的用户账户。

13.2.8 听歌或看视频时出现杂音怎么解决

在刚安装好Windows 8操作系统后，一些用户会发现在观看高清视频或听音乐时，偶尔可能出现爆音杂音的现象。该现象一般是由于多媒体服务优先级设置不同而引发的。解决方法如下。

Step 01 按Windows+R快捷键，打开"运行"对话框后输入注册表命令regedit，按Enter键，打开注册表编辑器。随后找到HKEY_LOCAL_MACHINE\SYSTEM\CurrentControlSet\Services\Audiosrv，在右方编辑中双击打开DependOnService项，删除MMCSS一行，如下图所示。

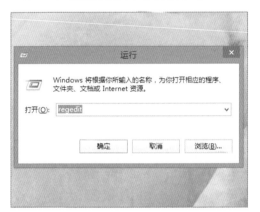

Step 02 按上述步骤修改完注册表指定项目后，将电脑重新启动。随后进入"计算机管理"窗口，在"服务"中找到并双击Multimedia Class Scheduler项，最后将该项服务停止即可，如下图所示。

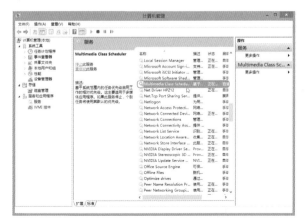

13.2.9 如何让Windows 8不显示锁屏画面

锁屏画面是Windows 8中新增的一项功能，用户可以通过锁屏画面直接看到日期、时间及应用程序的最新消息等。但是这对于喜欢登录时直接输入密码的用户而言，可能就会觉得锁屏界面有点多余。通过如下方法，即可让Windows 8不显示锁屏界面。

在"运行"对话框中输入gpedit.msc命令行，打开本地组策略编辑器，在左方目录区中依次选择进入"计算机配置→管理模板→控制面板→个性化"；在右边双击打开"不显示锁屏"项；再将启动类型选为"已启用"，最后单击"确定"按钮退出即可，如下图所示。

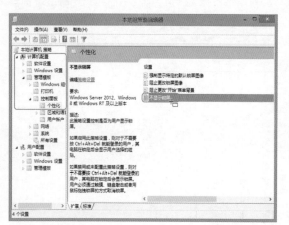

 高手指点——Windows 8锁屏画面的操作说明

在Windows 8操作系统启动完成之后，用户最先看到的就是锁屏界面。想要进入Windows 8登录界面，将鼠标指针移动到屏幕下边缘，按住左键向上拖曳，图片"大幕"向上揭开即可显出登录界面，或者也可以按Esc键。

13.2.10 如何删除Charm工具栏搜索历史记录

在Windows 8中会自动保存Charm工具栏的搜索历史，如果用户不想记录搜索历史，可以通过下面的方法删除或是禁用Charm工具栏的搜索历史记录。

首先打开Charm工具栏"设置"中的"电脑设置"，然后在"搜索"选项下可以看到搜索历史记录的设置。其中，单击"删除历史记录"按钮将会删除Charm工具栏的搜索历史记录；关闭"让Windows保存我的搜索，作为以后的搜索建议"即可禁用搜索历史记录。

13.2.11 为何网页视频没有声音

有时候，用户可能会遇到这种情况：媒体类应用软件都有声音，系统声音设置也是正常的，但就是网页视频没有声音。出现这种情况的主要原因可能是用户对系统进行了优化，或是相关的音/视频解码出现了问题。解决办法如下。

在注册表编辑器中进入HKEY_LOCAL_MACHINE\SOFTWARE\Microsoft\Windows NT\CurrentVersion\Drivers32，在右方编辑区中右击，选择"新建→字符串值"命令，将新添加的字符串值改名为wavemapper，然后双击该值并在"数值数据"处输入msacm32.drv，单击"确定"按钮退出即可，如下图所示。

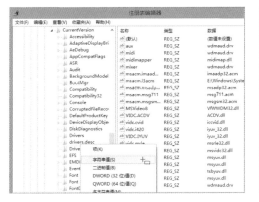 

13.2.12 IE 10浏览器无法记住账号和密码

使用Windows 8操作系统的IE 10浏览器时，有时可能会碰到这样的问题：之前登录某网站打开都是保存了账号和密码，单击"登录"按钮即可；但后来突然出现每次登录都要输入账号和密码的问题。那么，这个IE 10浏览器无法记住账号和密码的问题该如何解决呢？

IE 10浏览器中无法保存账户和密码的问题可能是由于设置不正确导致的，可进入"Internet选项"对话框中进行检查和修正，也可按如下具体操作步骤来逐一排查。

Step 01 打开"Internet选项"对话框，❶在"常规"选项卡下的"浏览历史记录"选项组中确认已勾选了"退出时删除浏览历史记录"复选框；❷单击该选项组的"设置"按钮，打开"网站数据设置"对话框，如下页左图所示。

Step **02** 在"Internet临时文件"选项卡下，确认勾选了"检查存储的页面的较新版本"的属性为"自动"，如下右图所示。

高手指点——解决问题的进一步方法

通过以上方法进行排查并修正后，如果问题依然存在，可以尝试重置IE 10浏览器，即通过重设将IE恢复为默认设置。在重置时，用户可以选择删除Internet临时文件、历史记录等。

13.2.13 如何找回Windows 8"开始"屏幕中的Metro IE

在Windows 8的IE 10浏览器中拥有桌面和Metro两个版本，如果将第三方浏览器作为默认的浏览器，那么"开始"屏幕中的Metro IE将会消失，变成桌面版的IE。如果需要找回Metro IE，首先进入控制面板中的默认程序设置，并单击"设置默认程序"链接进入；然后在打开的设置窗口中选中Internet Explorer，并选择"将此程序设置为默认值"即可，如下图所示。

13.2.14 如何去除IE 10浏览器剪贴板操作警告

很多时侯，用户使用IE 10浏览器时，经常会接触到一键复制到剪贴板功能，例如多数资讯网站的文章页下方，都有个"复制本页网址"的功能；单击该处后IE 10可能就会跳出一个对话框，提示用户是否允许此网页访问"剪贴板"。如果允许此操作，网页可以访问"剪贴板"并读取最新剪切或复制的信息。如果用户觉得该提示信息没有必要显示，可通过如下办法来关闭。

Step 01 ❶打开IE 10的"Internet选项"对话框后切换到"安全"选项卡；❷单击下方的"自定义级别"按钮，如下左图所示。

Step 02 在打开的"安全设置-Internet区域"对话框中，定位到"允许对剪贴板进行编程访问"；最后单击下方的"启用"单选按钮即可，如下右图所示。

13.2.15 如何更改"应用商店"默认安装位置

Windows 8"应用商店"中应用程序的默认安装位置为C：\Program Files\WindowsApps，该文件夹为隐藏项目，需打开显示隐藏项目功能才能看到该文件夹，而且需要具备管理员权限。

如果想修改Windows 8"应用商店"中应用程序的默认安装位置，首先打开注册表编辑器，进入HKEY_LOCAL_MACHINE\SOFTWARE\Microsoft\Windows\CurrentVersion\Appx位置后，可以看到应用程序的默认安装位置信息，然后按如下步骤进行修改。

光盘同步文件

同步视频文件：光盘\同步教学文件\第13章\13.2.15.mp4

Step 01 ❶右键单击Appx项；❷选择"权限"命令进入，如下左图所示。

Step 02 在弹出的设置对话框中，单击"高级"按钮，如下右图所示。

高手指点——解读"应用商店"的默认安装位置

　　微软为Windows 8添加了"应用商店"功能，用户可通过"应用商店"安装所需应用程序。不过这些应用默认会安装到系统所在分区中，对于系统分区未能合理划分的用户，并没有足够的空间来安装更多的应用。

Step 03 ❶在"权限条目"中选中第一项；❷单击上方的"更改"链接，如下左图所示。

Step 04 ❶输入要选择的对象名称；❷单击"确定"按钮，如下右图所示。

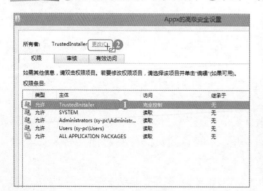

Step 05 返回"Appx的高级安全设置"对话框中，确认所有者已经修改完成，单击"确定"按钮，如下页左图所示。

Step 06 ❶返回最初的权限设置对话框，选择Administrators用户；❷勾选"完全控制"右侧对应的"允许"框；❸单击"应用"按钮，如下页右图所示。

Step 07 ❶返回注册表编辑器窗口，双击PackageRoot项；❷修改"数值数据"值为另外的安装位置路径；❸单击"确定"按钮完成修改，如下左图所示。

Step 08 修改完成后，即可在该注册表项中看到数值已经修改为自定义的安装路径，如下右图所示。